QUANTUM COMPUTER
is an illusory
MIRACLE

ILYA KOGAN

ISBN-13: 978-1508671121

ISBN-10: 1508671125

QUANTUM COMPUTER IS A MIRACLE

Русский текст на странице 157
Russian is on page 157

TABLE OF CONTENTS

1. PREFACE

Some places in the previous editions required clarification. This work is written with the assumption that the reader perceives the world as objectively existing. That is, the Moon exists even if the mouse is not looking at it. Laws of conservation are absolute, for example, energy (matter) cannot arise out of nothing and cannot disappear or turned into nothing. Explanation of these provisions caused the appearance of this edition.

Some 2005, I accidentally met with a specialist and asked him to tell how quantum computer can help in finding the key in RSA. Before talking to him, I convinced myself that the theoretical basis of Shor's algorithm is correct. I was sure that the experiment with a quantum computer, which has about 20 digits register, for sure, would show efficiency and correctness of the computer and algorithm. It seemed to me that when register would have some 1000 digits situation would change.

Ilya Kogan

Specialist spoke to me with arrogance of a person forced to explain the obvious truth. I failed explain to him what he talks as if the believes in Almighty, omniscient and all-seeing God or Almighty idea. In life, the last is much worse. The most Orthodox religion is communism. The Communists (and their ilk), deny the existence of an all-powerful, all-knowing and all-seeing God. They believe in their idea. Those whom they call blunt believers, are not stupid, and in contrast, are honest. They believe in the existence of God and the possible outcomes of this. He of course denied his Orthodox religiosity.

Physics, they are different, believers and atheists and Communists. They, for example, are sure to create a "Theory of everything". No general theory of physics, the theory of everything! I do not know whether those book would answers (exact and strict) on all issues. For example, what will happen (and how to do it), if you press the piano at 10 in degree of 1000000 plus seventh universe during the execution of works by a pianist in our universe. How look secretly in a box with the Schrödinger's cat and make the cat in some universe alive. Alternatively, make alive anybody in our universe. Long before this phrase physicist would stop reading. It is obvious that this is nonsense.

However, the physicists ignore such issues in the works of their colleagues. Dozens of places in which violated fundamental conservation laws and restrictions imposed by them, they ignore. Rather than advertise these contradictions, they try to conceal them.

Examples?

The expansion of the universe in the early time at speeds exceeding the speed of light, the maximum possible speed in nature. Both provisions I learned from physics.

In the theory of tunneling diodes, is allowed violation of conservation laws. After stopping the conservation laws for a moment, there would be no possibility to go back.

However, "the ugly duckling", which is incapable of laying eggs and let sparks from the eye (I mean a pedestrian), should not interfere in the business.

The book is divided into four parts.

In the first part of the book are included material about the quantum computer. The following parts have additional materials, which should confirm the first part.

In the second part, the author tries to prove that the alleged expectations of theory of quantum computers are hardly compatible with science. The

Ilya Kogan

quantum computer theory implicitly require physics to include supernatural capabilities.

The third part presents the author's worldview and hypothesis, which the author believes are at the heart of the universe. That is, ideas, which support author's point of view at quantum computer.

The fourth part describes the formation of the ideology of the author.

Nevertheless, back to our quantum computers.

With a specialist, we broke up. He was convinced that still there are such blunt and impenetrable. I realized that if a person believes and does not think, it is impossible to prove him anything. He simply did not wish to discuss awkward topics. Here there are hundreds of dies type, which he use: this (long, irrefutably ...) are proven; it is (totally...) obviously; this is for (everyone, all ...) clear.

I write this not to argue my case. I hope to get competent and fair criticism. I do not as the quirk has said, "Lenin told, one should not believe to authorities "(see at Kitajgorodsky). When it comes to a quantum computer, possible to avoid such allegations. Moreover, even mandatory authorities might change their opinion to the opposite. So, for example, happened with the passing of time in the opposite direction.

Thus, with my self-confidence, I am waiting for the critics. Let it be mixed with any scorn, but should be constructive criticism on the merits of the issue.

Ilya Kogan

PART 1

2. THE QUESTIONS

1 Is the Shor's algorithm correct?

Answer: The Shor's algorithm is correct.

2. Is the quantum computer constructed correctly?

Answer: the quantum computer is constructed correctly. It means that the quantum computer built in full conformity with the published theory. The theory underlying the quantum computer.

3. Is it possible to find the number by Shor's factorization algorithm?

Answer: The current (2010) quantum computers make this possible. In 2012, it is published about quantum computers with a hundred digits. However, still (2014) no reports of experiments with them. In 2014, already published an article, in which (indirectly) expressed doubt that the devices, which are issued by developers as quantum computers do not implement the theoretical principles upon which they are based.

4 What confirms the successful (2010) experiment?

Answer: the experiment confirms the validity of probabilistic algorithm. For example, suppose there is an urn with 100 balls and one is red. If you look through the balls one at a time at a speed of one billion balls per second, in a fraction of a second would be found the red ball.

5. What does not taken into account in the experiment?

Answer: when would be decomposed a number with thousands bits, the conditions would change. Key rate for looking at the balls will remain the same, but the urn will contain about 10 in thousand degree of balls. Practically, the red ball never would be found.

6. What is the reason?

Answer: With the wrong interpretation of the Schrödinger's speculative experiment. Apparently, incorrectly interpreted the probabilistic model of microcosm. Here are mixed: mysticism, believe in God, the violation of conservation laws, etc.

The first edition of the book published in the year 2010. On the Internet, I have argued that this is not possible well before that publication. Against these "theories", I am arguing from student days.

3. THE BASIC PRINCIPLES

3.1. INTRODUCTORY REMARKS

Identified in the literature of the physical basis of quantum computers do not always correspond to the generally accepted views on the world. However, in the serious physical literature there is no generally accepted views.

Einstein's question whether the moon exists when the mouse does not look at it, still does not have a strictly answer (in physics).

It is not clear whether the conservation laws are absolute.

This section is written in order to clarify the positions of the underlying author's point of view. The correct physical point of view, that is, that the conservation laws are absolute and comprehensive. Posted "by physical point of view" and got doubts whether this is true.

QUANTUM COMPUTER IS A MIRACLE

However, if there is no conservation laws, the following is possible.

1. Anything can be created out of nothing and instantly.

2. Anything can be destroyed, that is instantly, and will disappear without a trace.

3. At any point in the space can exist **SOMETHING** capable of 1 and 2.

4. Between any two points can fit uncountable number of such **SOMETHING**. Mathematics allows countless points between any two points on the line. That is, it is **SOMETHING** that exists outside of time and space. It has unlimited (that is the endless beyond counting sets) capabilities.

The consequence of this is described in the magical fairy tales and all sorts of wonders. Based on this "serious" work of physicists, are written phenomena, such as instant displaying of the results of experiments under the influence of consciousness; infinite strings in the eleventh dimension; time travel; and the like.

Any of these **SOMETHING** may at any time and independently created in any corner of the universe (or even outside of the universe) new world with arbitrary bizarre laws. They can create new

14

universes that intersect. However, the **SOMETHING,** created the universe in which we exist, can comfortably put it in a dimensionless point.

Here the fantasy does not have a limit.

3.2. THE REQUIREMENTS OF THE CONSERVATION LAWS

1. Nothing physical (i.e. energy or matter) could be created from a dimensionless point. I would emphasize, not a very small point, namely a dimensionless point.

2. Nothing physical (i.e., matter or energy) cannot disappear, that is turning into a dimensionless point. Let me remind you, not very small, namely a dimensionless point.

From 1 and 2 follows, if there is a space in which there exists in time matter (energy), it exists eternally. The space is infinite and time is infinite in both directions. Any start must be initiated at some point in time. Otherwise it will never come. It does not matter, in what way is interpreted or is understood what precedes, but it is equivalent to the time.

3. Processes in the universe cannot have infinite speed. That is matter or energy cannot move with an infinite speed. In particular, the light should have a final speed. **This follows from the**

conservation laws. Since light transfer (and consists of) energy, it has mass. **This follows from the conservation laws.** According to the law of gravity, its trajectory changes in gravity. For example, near the Sun it must bend. I would emphasize that **conservation laws require the existence of a relationship between mass and energy**, but do not provide the genius formula given by A. Einstein. However, this formula is not a consequence, but the result of the theory of relativity. **The ratio between the mass and energy is a consequence of conservation laws**. Some physicists consider the existence of black holes from energy. Therefore, they suggest that energy possess gravity.

4. If the light has a finite speed, the apparent to observers the simultaneity of events is relative. **The relativity of simultaneity of events not connected with the theory of relativity. Relativity of simultaneity of events is a consequence of conservation laws.** This does not address the issue of priority. Here is the core of the problem.

5. The conduct of Foucault's pendulum and the gyro are consequences of Newton's first law. Actually is fixed the plane perpendicular to the axis of rotation. From the first law of Newton follows possibility to fix absolute direction in space, but in practice it is easier to do this with a gyroscope. The **first law of Newton is a consequence of conservation laws**. Without the influence, a body must maintain continuous trajectory. In the isotropic three-dimensional space, it

will be a straight line. Again, I stress that the issue of priority shall not be considered. Consequently will not be discussed the boundless genius of Newton works (discoveries).

6. Refusal of ether shall not constitute a waiver of the environment for the propagation of light. Vacuum and vacuum with certain properties, is also an environment. Changing these properties will change the speed of light (the ultimate and final) in the vacuum. This can be attributed to the expansion of the universe in the initial period, at the speed, which is greater than determined by the properties of the vacuum in our surroundings. So let us hope that it is possible to build machines with speed exceeding the speed of light in the vacuum.

7. In the world, there must be a causal relationship, and in their sequence, the sequence of events is absolute. This means that for any observer effect is preceded by its cause. Let $E1$ ($t1$, $s1$) is an event, $t1$ time of its occurrence and $s1$ point in space where the event occurs. Event $E2$ ($t2$, $s2$) may not be the cause of event $E1$, if ($s1 - s2$) > ($t1 - t2$) x W, where W is maximum permissible speed in the environment, in which these events occur. If the violation was detected, it means that there is a physical phenomenon and its speed (obviously the final) is larger than W.

8. If is adopted the "big bang" model, which is simulated by some of equations, should unquestionably exist solutions found by Friedman. In particular, at some point the universe should expand. Surprising here: the Friedman's genius to find the solutions of equations and refusal of Einstein in their recognition. It should be noted that the "big bang" is not an absolute beginning; it is an event for some of a local universe, in some portion of the infinite Universe.

And so on.

3.3. THE SPACE

Open model of the universe exists forever in time and space. That is, it allows the existence of time in one direction forever. In this case, the new universe, if it occurs, will appear in an existing space. How a new universe will coexist (interact) with existing space and time are not specified. The question is simply ignored.

The assumption of the existence of more than three dimensions of space are unlikely to help. Analysis of 4-D isometric cube shows that any three-dimensional cube (a three-dimensional subspace) would share space with other 3-D cubes from the other 3D subspaces. In other words, it should be assumed that in the same space are many bodies, a lot of fields, etc. They intersect, pass through each other, and do not affect each other. They know and distinguish "themselves" from "strangers".

The appearance of the fifth dimension and so on will only make worse the problem. This does not happen with parallel lines or planes that have no volume and mass. The reader may verify this by analyzing the isometric 3-D and 4-D cubes.

Again, it should be a question: why did the universe appear and why it is the only one.

I need to remind. Anything that is not forbidden is mandatory! T. H. White.

For an explanation of quantum computer work is necessary simultaneously existence of multiple (infinite?) universes. On the other hand, there may be required in each case, many (infinite?) number of dimensions in space. While these spaces co-exist, share information and even physical bodies, but do not intersect. The authors omitted the issue of coordination work for copies of quantum computers in isolated universes. Very important and fundamental issue.

There are similar theories to explain the various phenomena. For example, for time travel.

The issue of information control and sharing by authors not considered. Apparently, this is one of the main issues in this case.

3.4. ON INFORMATION

In the abstract theory of information, information is studied as an abstract concept, which is based on a unit of information - a bit. Bit has two possible meanings, such as YES and NO. In nature, these values are represented (encoded) as the physical values. For example, the YES can be represented by a pyramid of Cheops or some value of voltage. The NO can be encoded as Mount Everest or as other voltage value. Creator (engineer) of the information transfer system selects a convenient option for this. Without a choice, the information transmission system cannot be created. The transfer of information is impossible without the existence of a material (or energy) media.

That is, message transfer is performed by a sequence of YES and NO. This can be a sequence of the pyramids of Cheops and the Everest. This can be a sequence of pulses. The engineer-designer defines this.

Calculations and laws of information transfer systems are conducted according to the rules of abstract information theory and are the same, regardless of the media selected by the designer. Here, there is no difference; it is the pyramid of Cheops or wavelength of light quantum. It is clear that technology of implementations will differ significantly.

Essential is that the information (that is, its media) interacts with material bodies. Therefore, in accordance with the laws of conservation, in the information system is matter, and is a finite propagation speed. This has nothing to do with the price or value of the information. This is not considered in information theory; this is the area of game theory. How many times in the 1960-70 I have had (without much success) to prove it.

It should be noted that the understanding of information as physical phenomena, which are coded by some phenomenon or process, should have some material carrier. That is not consistent with the coexistence of all possible values in the quantum computers at the same time simultaneously. This is not consistent with the view that in microcosm all possibilities, which are following from the probabilistic description of the process, exist simultaneously.

Proponents of the view that all possibilities exist simultaneously, should distinguish between this phenomenon and the reflection of these phenomena in the binary information register. As I write this, I am not pointing to what God should do. The Almighty, the all-knowing and all-seeing can do everything. However, I doubt that God will perform any my desire. I wanted to play with a quantum computer and the Almighty to my services. He is ready to fulfill any my desire. Someone wants to repeat the experience with Schrödinger's cat. To his pleasure are created new universes.

The speed of the plane in the mathematical model has a probability distribution. The probability of any given speed value at any time is equal to zero. At the same time at any given time, the speed of the aircraft had a specific value. A discrete measure will be in the register, not an endless set of values, plane would have a quite a specific speed. This value depends on the characteristics of the measuring apparatus. However, each binary bit in the register will be exactly one bit of information.

In such understanding of information is unavoidable the following, in the exchange of information, exists exchange of energy or matter. Therefore, such processes have final speed; apparently, this is the speed of light in vacuum. It would be much lower when e.g. YES a Cheops pyramid is.

In the case of quantum computer, the speeds are not more than in several times. However, it may be needed some 2 in the power of 500 (or 1000 or 1000000) times greater than the speed of light.

3.5. MICROCOSM

The basis for discussion of this book assume that in nature all things at any given time have certain specific values. This applies to macro systems, where there is a strict theory of movement and state of bodies. This applies to the Micro World, where theory gives only the border values of the parameters and the probabilistic distribution of these values. This applies to all unknown or unmonitored events and values in the measurement accuracy of which restrictions may be enforced.

It should be noted that any measurement made some disturbance to the system. When measuring the speed of a vessel, the radar beam influence can be neglected on the speed or the position of the vessel. In the microcosm, the known measuring instruments are near equal to the object of measurement. Measure is making changes to the system, change its settings and their accuracy is limited. As a result, the system after the measurement is different from the system before measurements. The parameters and the state of the system after the measurement may be unknown.

From the above cannot be done a conclusion, that at any point in time parameters do not have a defined value.

This section is written to emphasize that all the above is related to microcosm.

I repeat the last sentence of the previous paragraph.

In the case of quantum computer, the speeds are not more in several times. It may be needed some 2 in the power of 500 (or 1000 or 1000000) times greater than the speed of light.

This primarily relates to the elements of the microcosm of the quantum computer. The position of the particles of microcosm are described by a probabilistic equation. Particle supposedly is located in a set (infinite) of points in space. Correct to say that a particle can be in this set of points in space.

The accuracy of measurement of micro particles have Heisenberg's restrictions.

In this work, Heisenberg's uncertainty principle is understood as limiting the possibilities of taking measurements with any precision. It is believed that this is the result of measuring when the measuring instrument and measured value are (near) the same, e.g., in mass.

The consequence of the principle of uncertainty is the limited accuracy of all technological operations. Most do not lead to misunderstandings in performing of our daily operations. The machine moves on the road. Rocket hits (with allowed accuracy) the goal.

Ilya Kogan

If there are logical elements in the system, these deviations can be crucial. If you have memory, slight deviations in analog input elements system, can lead to changes in the system state and the system behavior in the future. This can be facilitated by, for example, the phenomenon of signals race.

Conclusion. The limitations of the principle of uncertainty, which inevitably is existing in any system, follows:

1. Each system is in some point of time in a single state (cat is either alive or dead, or dying, which is obviously going to die).

2. The accuracy of determining the state of the system is limited.

3. Evolution of logical systems with memory may not going under the program provided by an observer.

4. Work (behavior) of logical systems with memory may be equivalent to the behavior of systems with the freedom of will.

5. If the measurement results are recorded in a binary register, each bit of the register will have a single definite value. Let us assume that the testimony of the register are sent, for example in memory. In the

unit of time, you cannot get more measurements than the maximum speed of the register of memory.

3.6. MATHEMATICS AND REAL (MATERIAL) WORLD

Mathematics is an abstract and formal science; it has nothing to do with the physical world. At the same time, based on mathematical theories are created mathematical models that describe (approximate) the physical world.

The next step needs links to Gödel's theorem, to be understood as follows:

1. In each (enough meaningful) system of axioms A1, can be build a theorem T1, which cannot be proved or disproved in the system of axioms A1.

2. There is an axiom a1. When a1 is added to A1, would be possible to prove or disprove the theorem T1. As a1, you can select the theorem T1 or its negation.

3. In the new system of axioms A2 = A1 + a1 there is a theorem T2, which cannot be proved or disproved. And so on to infinity.

4. Logical consistency of the axioms cannot be proved within the system.

From the above follows:

1. The number of possible mathematical theories and their complexity is not limited.

2. For any physical phenomenon can be created a mathematical approximation that complies with the specified requirements. The genius of the creator is not considered here. However, such approximation is possible for any artificial (stupid) process. If the known mathematical apparatus is not sufficient, it can be increased. Great physics so did repeatedly. Moreover, always, according to Gödel's Theorem, are boundless opportunities to increase further the existing mathematical apparatus.

3. Proper physical theory can only be verified experimentally. It is useful to remember the Max Planck remark that, *the observations we make do not form the physical world they only bring us messages from another world, which lays behind them and which is independent of them.*

It is possible to say that Gödel's theorem requires identifying the axioms of physics by observing, that is by experimentation.

I would like to bring another argument in favor of the axioms of physics. It seems to me that the Gödel's theorem strictly follows the following provision:

Consequence of the primacy of nature. *At the basis of any mathematical theory, reflecting the nature should be axioms based on the experience in nature.*

It should be noted that the last sentence does not prohibit choose axioms at random and build a mathematical theory; for example any different geometry. The conclusions of these theories can (accidentally) coincide with the phenomena of nature. It is not necessary are mathematical models of physical reality, it could be an accidental or an intentional (not always recognized) fit to the required answer.

Using known mathematical theories or create new theories to describe experimental results or new ideas has no boundaries. However, great care must be considered for the results of the new mathematical model (approximation) outside the range of experiments. Incorrect treatment is possible within the boundaries of experiments as well.

That is, one should always remember, that (as noted by Stephen Hawking), *people are so pleased when they find a solution, that they did not care that it probably has no physical significance.*

Apparently, **it is questionable whether can be expected creation of a final (the one lasting forever)**

28

Ilya Kogan

general theory of everything (or the theory of Physics). Long ago, the eminent physicists had predicted that one should not expect new fundamental discoveries. Such a comprehensive theory was easier to create several centuries ago. In any case, this theory may not include new and unexpected properties of nature. New sections will be required and, possibly, the new mathematical apparatus.

4. ANALYSIS OF THE QUANTUM COMPUTER WORK

Here are given reasons why expectations of quantum computer are in vain. I once again need to point out that all the algorithms and even experimental data, which prove the algorithms, look as correct. Incorrect is the interpretation of the physics of the quantum computer. This dates back to the experiment about Schrödinger's cat, which, as the bulb and gas, added in the experiment.

It should be noted that a new experimental base, which is used in quantum computer, could significantly increase the speed of the quantum computer. However, it has nothing in common with the predicted by theorists.

Imagine the quantum computer as an algorithmic unit, which finds the solution and a filter. In an algorithmic unit are created not only the right decisions, but also others (wrong) solutions. All results are sent to the filter that allows only the right decisions. Thus, at the output of the filter can be the right answer, if it was produced by algorithmic unit. Phenomenon like entanglement would not be considered. There are authors who claim that entanglement is not related to the quantum computer work.

In the speculative Schrödinger's experiment flask will be either whole or broken. This is true for any probabilistic experiment. The result became known because of measurements or observations. I stress that the result appears after some conditions of the experiment. The bulb state allow judging whether the atom was split and what happened to the cat. Suppose we observe state of the bulb a million times per second. About the state of the cat and the fact that the bulb is broken, we know no more than in a millionth of a second after the atom split. If we conduct surveillance once a year, we can learn about this in a year. It does not follow, however, that this year the cat was in an indeterminate state. The cat has been dead since the split of the atom.

For example, one observer makes it through a microsecond and the other once a year. The second observer can ask first when cat was killed. These phenomena are not associated with the disintegration of the atom and the fate of the cat. The conversation between the first and the second may be held at any time and in any place. The conversation does not depend on the experiment. It does not depend on the theory that it describes. The conversation does not depend on far-fetched speculative experiments. The disintegration of the atom is not associated with the cat or the physicists who invented this all.

The significant parameter of the qubit in each moment of time is unique, definite and is only one. Before the measurements, only the probability of the state, from the possible set of atom (or qubit) states, can be known. After the measurements, we may learn the state of the atom. At the same time, we will make changes in the system and leave it in an unknown state.

If there are many qubits and known probability for each qubit state, you can calculate the probability of the entire set. At each point in time this state is unique and the only one. When it is known the frequency of changing the qubit states, you can determine how many different states can have the device in a unit of time. If, at the time of measurement qubit state is not defined (it is not in a particular state), the measurement can give an undefined result. Any result would be correct with some probability.

This phenomenon can be modeled; for example, on the set of R triggers, which are controlled by R random signals. Every set of signals randomly changed the status of all triggers. In addition, the set can move in any of the 2^R possible (random) states. Here we have some switching speed and the uncertainty of conditions between switching. Specific state of the system is unknown before its measurement, as for Schrödinger's cat. The phenomenon of entanglement can be entered in this system. However, without infinite speeds interaction attributed to this phenomenon.

Further, we consider the example of finding two prime factors X and Y of some number Z = XY length of N decimal places. The solution is unique because multipliers X and Y are prime numbers: it is the only solution, which can get thru the filter, if it appears at the output of algorithmic unit. This will happen, if the register of qubits will have the only required combination of state for the individual qubits. Let me remind, that the register state at any point is described by the equation, where the probability of any state is equal. However, in every moment of time the register has some unique state. Observation reveals that the cat is either alive or is dead. It may not be alive and dead at the same time. It was never alive and dead at the same time. It was a probability that it will be alive at the time of observation.

Let the speed of changing, of the significant parameter (qubit) approximately is 10^{15} per second. In this case, an algorithmic device cannot produce more than 10^{15} different solutions in a second.

When order of Z is 5 bits, the correct solution will appear about once per 10^5 wrong. Per second at the filter input, the correct solution appears about 10^{10}

times and it is repeatedly appears at filter output. Because of this, experiment completely confirmed the correctness of the algorithm and the possibility of solving the problem on the given quantum computer.

When Z has 700 positions, the solution will appear once on 10^{700} wrong. The probability of a correct solution in an algorithmic device would be about once in 10^{690} years. That is almost impossible to expect right solution at the filter output. We emphasize that the algorithm is correct. All results received on the quantum computer are correct when experiment conducted with register of 10 cubits.

Finally, users of RSA can sleep peacefully.

5. A SPECULATIVE EXPERIMENT

1. Let us repeat the Schrödinger's experiment with a piece of uranium. Let its weight is 1 kg. Mark some atom in it, and if this atom falls apart, it would be broken the bulb and so on. Open the room through 4.5 billion years (approximately 10^{17} seconds). The bulb is intact with a probability of 0.5. Just as likely, the cat be alive. The true state of the cat we will see by opening the box and looking at the cat. In the same way we will see the color of the ball; we got from box, looking at it. Before performing this, we knew only the likelihood of the color. The bulb may happen was broken many years before we looked at it.

2. Again perform the experiment. Now in a thousand pieces of uranium it is marked an atom. One atom in every peace. Sensor, which breaks up the bulb, will work only if all marked atoms will decay.

After 4.5 billion years, all marked atoms will decay with probability $P = 0.5^{1000}$. With probability 1 -

P the bulb will be unbroken. There is almost no threat to the cat's life.

3. There is a register of one qubit with two states. Its state arbitrarily is changed with a maximum frequency $F = 10^{15}$ times a second. Let us choose a state (one of two possible). If the qubit would be in this state, in the Schrödinger experiment the bulb will be broken and so on. In a second, sensor, which breaks the bulb, would work millions of times and in a fraction of a second, the cat would be dead.

4. There is a thousand registers. Their state can be described by a 1000-bit binary number. Choose some specific number. The sensor will break the bulb when register will be in a position, corresponding to the selected number. If possible, per second F states, then, on average, the selected state would appear once in 2^{985} seconds. Virtually there is no danger for the cat life. There is no threat for disclosure of keys in for RSA code.

5. If the register contains, for example, 32 positions, the bulb would be broken approximately 10^5 times per second. The quantum computer will be (as it seems) to operate in accordance with the expectations of Shor's Algorithm. It will confirm its correctness as is was noted in the work earlier. For example, it was written, "We emphasize that the algorithm is correct and all findings of the quantum computer is fundamentally correct when conducted with register of 10 cubits. We will get the right result."

6. QUANTUM COMPUTER AND NATURE (PHYSICS)

6.1. INTRODUCTORY NOTE

It is assumed that the quantum computer is running in the environment (nature), which behave the known laws of physics given previously, for example:

1. Space with sufficient accuracy for analysis of quantum computers is three-dimensional.

1.1. The space is only one.

1.2. There is no other space, in which are located the (unknown or unseen) part of the quantum computer, which is in our space.

1.3. No processes, associated with performing of algorithm, can run in a different space or in another time (such as, e.g., in the past).

2. Are obeyed conservation laws, i.e.:

2.1. Any process in the system is running with some limited speed.

2.2. Energy consumed or spent at work of computer does not disappear or appear from the unknown to the nature sources.

2.3. The structure of the machine during the work retains its properties.

2.4. Any information requires material or energy carrier.

It may seem odd that I mention the obvious things. Did you talk about such in discussion, e.g., about diesel engine or a desktop computer? However, the quantum computer is something unusual. For explanation of its work, different (and extravagant) hypotheses are introduced.

For example, in Chapter 9 [1] we read, "When a quantum factorization engine is factorizing a 250-digit number, the number of interfering universes will be of the order of 10^{500} – that is ten to power of 500. This staggeringly large number is the reason why Shor's algorithm makes factorization tractable". Such world is called multiverse.

In [2] is said, «In an interview with *Wired* magazine, Lloyd postulated that everything in the universe is made of bits. Not chunks of stuff, but chunks of information — ones and zeros. ... Atoms and electrons are bits. Atomic collisions are "<u>ops</u>." <u>Machine language</u> is the laws of physics. The universe is a <u>quantum computer</u>». This idea advanced in [3].

Published many strange and questionable interpretations of the Schrödinger speculative experiment, in which, as an example is mentioned Schrödinger cat. In physics, a probabilistic description of the microcosm (mostly) is treated as simultaneous coexistence of all information capabilities. On the merits, the physics in this interpretation is supported the idea of multiverse or of an abstract quantum computer virtual universe. However, in scientific papers or in discussions it is (usually) not mentioned explicitly.

For this reason, proof of hopelessness of the quantum computer is impossible if the hypothesis about its work were true. That is, if the mentioned hypothesis, examples of which are given above are part of physics (nature). It is required criticism of theories, which implicitly violate, e.g., such as conservation laws. An example of such a violation is an assumption about the influence of information without media, about instant action at a distance (e.g., entanglement) without material or energy interact.

Ilya Kogan

6.2. ENERGY APPROACH

Suppose that the number of other universes, which interference will be approximately 10^{500}, that is ten to the power of 500. Such may be possible in the following situations.

1. There is a Center, which organizes initiates and manages all of the actions in all of the universes of multiverse. This Centre has unlimited (unimaginably huge) capabilities. It is omnipotent, omniscient and omnipresent; it is beyond multiverse and apparently out of the physical nature. This option is not considered in this paper, as the Center and its behavior is outside not only nature, but also the abstract mathematics.

2. There is a universe of multiverse, which initiates the process, i.e. a process started in this universe. Further, this process simultaneously, however differently (!), runs in the rest of the universes of multiverse. At the same time the results are (in a wonderful way) in a quantum computer that initiated the process. That is, in another universe.

Suppose that the decomposition of the multipliers is triggered in our universe. This means that the decomposition in our quantum computer starts in other universes of multipliers similar (but not identical!) and synchronous processes, which run in all other universes of multiverse. Their number is 10^{500}, but perhaps $10^{1000000}$ or huger.

Let us estimate the energy in multiverse. It is done approximately. All the assumptions may differ from real, but made in the direction of confirming the quality picture. Suppose that in each qubit one electron moves one millionth of its length per second.

In a quantum computer, in our universe will be done work approximately 10^{-27} g (the mass of an electron) x 10^{-12} cm (the size of an electron) x 10^{-6} (move in fractions of radius) x 500 (number of qubits) = 10^{-40} g cm. In all of the universes of multiverse, every second will be initiated and completed work about 10^{460} g cm in one second.

Our entire visible universe has about 10^{80} atoms, the number, which is even impossibly to compare with 10^{500}. Thus, if the visible universe were a measure of physical reality, the physical reality even remotely would not contain resources sufficient for decompositions a number.

In this case, it is interesting to evaluate the work that initiate and engage in multiverse processes taking place in our universe. To move all the atoms of our universe far beyond our universe, you will need about 10^{85} (number of electron masses in the universe) x 10^{-27} g (the mass of an electron) 10^{30} cm (the size of the universe) = 10^{80} g cm. A very small number in comparison with the work carried out in multiverse

Ilya Kogan

in a fraction of a second. Let me remind that the work is carried out on the initiative of the operator in our universe, for a private task, on a computer.

Conclusion. When you run the computational process in a register of qubits, the following phenomena occur in multiverse,

1. There are created new 2^N universes, where N is the number of qubits (from one to millions).

2. Work and energy spent approximately the order of 2^N.

6.3. MATERIAL APPROACH

Let us say that the quantum computer weighs one gram. Operator in our universe may easy to operate with such a mass, moving it within the lab.

In the multiverse, simultaneously and synchronously with the movements of the operator, moves the weight in 10^{500} (or $10^{1000000}$) g.

Conclusion. There must be a center, which has the necessary amount of matter, and the power you need.

6.4. THE UNIVERSE IS A QUANTUM COMPUTER

About the point of view, that the universe is a quantum computer and at the same time is no more than a set of bits it should be noted.

Bit set is a set of coded YES and NO. With each YES can be coded physically anything (I have to repeat). For example, YES is the pyramid of Cheops or a positive potential of the specified number. NO is mount Everest or other value of potential. You can encode different brands or colors of the cars. You can use atoms and elementary particles. In any case, the nature of the physical media of information, its value and conversion processes, which information explores, are different branches of science. Every branch is abstracted from events and properties that are important in other areas.

If the universe is a quantum or conventional computer, should require answering questions, such as:

1. Who or what created this computer. How it arose in the course of evolution. Perhaps, the hypothesis assumes that the computer exists eternally.

2. Where is its program and what is the structure of this computer.

3. How does it work, that is, what phenomena it reflects.

4. Has this computer, e.g., the freedom of will. Whether it planned its actions and consciously carried them out.

Conclusion. The answers to these questions lead to the conclusion that the universe, i.e. the quantum computer,

1. Existed before the appearance of human consciousness. Or rather, not only conscience, but also the very nature in our understanding does not exist.

2. The structure of it changes when disasters like supernovas or the clash of the stars. Sorry, all this does not exist. All information processes is in the miracle machine.

3. It exists a control center and operator-programmer, planning its work. In addition, in fact, it manages all the processes in the universe (multiverse?). Perhaps this is also a part of the computer.

4. The problems of energy and time in this paragraph are not considered because this computer (exists?) out of the material world.

PART 2

Ilya Kogan

7. PSEUDOSCIENCE

Pseudoscience - activity, teaching (hypothesis) consciously, or unconsciously claiming to be a science, however it has nothing to do with science. Pseudo-scientific theories can propose and honored by great scientists. The hypothesis of phlogiston theory, in which was proposed *heat* as a 'subtle fluid' called caloric. Was it a science? Fruitfulness of this hypothesis is indisputable. What about hypothesis of the possibility for time in reverse?

Where to put, or how to classify, the concepts of religion, philosophy, art, morality and so on? How to treat academies and scientific degrees in these areas?

It is not always possible to answer, what is the difference between science (and pseudo-science) and belief. Belief can be hard (or dumb?). This is referred to in scientific circles as a belief in the rightness of their position. If there is allowed an honest scientific debate, sometimes (not always) became possible to find out wrong scientific hypotheses.

In the Orthodox teachings, a free discussion is prohibited. Moreover, saying "wrong" ideas would bring critical consequences for the critics. Remember the vocabulary of Communists on the methods of torture and punishment. This Aleksandr Solzhenitsyn gave in the book "Gulag Archipelago". The fire of the Inquisition will seem as a cute joke.

In this part are provided examples of recognized scientific hypotheses, which are equivalent to the recognition of the existence of divinity. In this case, you should address only one main issue.

After recognizing that religion is the main and basic science, the key issue is recognition, which particular religion is absolutely correct. All the rest would be heresy.

In the most Orthodox faith (religion) of humankind, the Communists have solved this question unambiguously. Basic Science (science of Sciences) is philosophy. The main scientific direction is the Marxist philosophy of historical materialism. What happen with the unbelievers is known.

Today there was a lot of speculation on the high credibility of science. Many claim to raise the prestige of their developments based on usage the word science. I wrote and thought, what it means.

Today, many Academies of Sciences created a Commission against pseudoscience. At the same time, the followers of criticized methods are creating new Academies of Sciences. However, it does not have to be a pseudoscience - framed in an Academy. This may be theoretical brunch, or hypothesis, or an invention. Experts and scientists are not always convinced that their work is pseudoscience. Often it is people with deep knowledge of their subject.

I had to prove to my fellow that theologians do deserve the right for a degree no less than other scientists do. For example, some of the (great) physicists argued that time can flow in the reverse direction. However, this leads to much more orthodox verdicts than any religion. However, no one questioned his or her scientific degrees.

Pushkin in his poem "The movement" (1826) describes the well-known story of Diogenes victory over a follower of Zeno, who denied movement (Diogenes just walked around his opponent - the philosopher).

Pushkin did write, "... people admired the Cynic, who was walking in front of those who denied the motion. The Sun daily commits the same as

Diogenes, but convinces nobody," and immortalized this in a poem.

> *Движенья нет, сказал мудрец брадатый.*
> *Другой смолчал и стал пред ним ходить.*
> *Сильнее бы не мог он возразить;*
> *Хвалили все ответ замысловатый.*
> *Но, господа, забавный случай сей*
> *Другой пример на память мне приводит:*
> *Ведь каждый день пред нами солнце ходит.*
> *Однако ж прав упрямый Галилей.*

(May happen, that the Pushkin thoughts of the above is possible to find in the following. I could not find a translation.

> *No motions, said the Sage bearded.*
> *Another kept silent and started walking around*
> him.
> *Stronger than this he could not argue;*
> *Praised all this answer complicated.*
> *But, gentlemen, this fun event*
> *Another example got in my remembrance:*
> *After all, every day the Sun walks in front of us.*
> *However, the stubborn Galileo is right.)*

Apparently, there are scientific debates where there are frauds. Only the extreme bad faith of "scientists" allow instead of logical criticism use political stamps. Extreme, if not bad faith, is at least an inconsistency and illogic, visible on the example of the validity of the passing of time in reversal.

However, consistent critics of this claim, I have not met.

As a Diagnostician, I would like to have a test. A "yardstick" which can help reject proposals as impossible in nature. It seems to me that the notion of "Schrödinger's cat" (in the way it is used in modern physics) is very suitable for this purpose. Unfortunately, the term "scientific" is more of a philosophical category and unconditional judgments are controversial.

Nevertheless, principles of quantum computer, measured by the proposed test, would apply to the field of miracles, not to valid phenomena in nature.

PHYSICS, RELIGION AND COMMON SENSE

The present essay is my point of view. It does not have the goal of protecting religion or science. The author hopes that it does not hurt anyone's feelings toward any religion (for or against).

Apparently, the debate about religious dogmas has sunk in the past. Proved that the Earth is not standing on three elephants and is not the center of the Universe. In addition, totally forgotten that these dogmas have been created by physicists. More specifically, professionals in the field, from which came the science and physics in particular. Their followers - modern physicists completely rejected the teachings of the predecessors. In the heat of the dispute have been discarded all ideas, even those that were not discussed and not refuted.

It was not been taken into account that physics and religion have different objectives. Religion appeals to the inner world of a man (soul), including those who are very far from physics. To live in peace and quietness, for the stability of the world. Confucius declared:

If there is righteousness in the heart, there will be beauty in the character.
If there is beauty in the character, there will be harmony in the home.
If there is harmony in the home, there will be order in the nation.
If there is order in the nation, there will be peace in the world.

Do thinking physicists for something similar?

Physicists (not physics) appeal to a narrow circle of professionals far removed from most people. These professionals are far and away from the engineers whom they give lectures on physics. Their physics often differ in their fundamentals from a clear picture, drawn in their lectures. This is dogmatism. In addition, science, like the crocodile, is moving forward, not looking back.

Ilya Kogan

However, the history of science is not so smooth. Lakatos notices about Euclid's Geometry, Mechanics and Newton's theory of gravitation:

"The analogy between the political and scientific theories is then more far-reaching than is commonly realized: political ideologies which first may be debated (and perhaps accepted only under pressure) may turn into unquestioned background knowledge even in a single generation: the critics are forgotten (and perhaps executed) until a revolution vindicates their objections."(I. Lakatos"The Proofs and reputations" Cambridge, NY 1976, page 49).

Modern scholars do not always know about the executions of their colleagues (today it is done on false charges), but all of them know about the authoritarian behavior of supervisors (their scientific superiors). If someone wants to clean the world, then one need to start with himself.

Where there are more myths in physics or in religion? Look at the original:

Genesis, Chapter 1

[1] *(B) beginning God created the heavens and the Earth.*

2 *The Earth was chaotic and empty, and darkness over the abyss; and the spirit of God was hovering over the waters.*

3 *And God said, let there be light: and there was light.*

4 *And God saw the light, that it was good, and God divided the light from the darkness.*

I want to stress that according to religious books prior to the creation (reality) there were space, time, matter and the **Creator**. It does not say what was in the abyss, but there was water, and God separated the light from the darkness. When I first read this (the books were not sold in the Soviet Union), it surprised me, why is written, "*separated the light from the darkness.*" This allow suggesting that it was a "heat death", and it was necessary to separate the *heat or light* from the *cold or darkness.* Easier to write CREATED as the rest, but is written SEPARATED.

Nothing was preceded the moment of creation in physics. All have started "Nowhere", "Never" and "From nothing". In a dimensionless geometric point, an explosion occurred. If there was no time and space, what triggered the explosion? Who or what created the Universe out of nothing. However, in nature nothing comes out of nothing and cannot disappear. There are fundamental conservation laws. Physics strongly insisted on this.

Ilya Kogan

It seems religion is much closer to common sense.

It is interesting how modern physicist chooses to explain the universe creation to anyone in the 12th year (not in 2012)? Which hypothesis he chooses.

- Nobody from nothing

or;

- Someone very mighty created all, staying within the existing nature.

I am sure that today, as in the 12th year of our era, the second (religious) hypothesis has a considerable advantage.

HOWEVER...

Anything that is not forbidden is mandatory! T. White. In other words, everything that is not forbidden will come true.

The prohibitions may be different. With limited knowledge, they are formulated based on experience and common sense, which is a consequence of the same experience. However, physicists hope to create a "Theory of everything". The basis of this theory is a mathematical model.

This is the only alternative to divine creation or an assumption that we live in a virtual world created by another major civilization. Both of these assumptions are only transfer the issue one-step further. There appear a new question; in what space and by what laws it lives, this divine civilization or that virtual system.

In addition, you can speculate on what laws would develop our world when this divine civilization desires to change the rules of its game.

For example, scientists claim that soon people will be able to live forever. The difference only in the timing of this.

On Earth (soon?) there will be a system, called a singularity. This system will be significantly higher in intellect and by any other point of view, than an individual and even all humanity.

Kurzweil Law about acceleration of development seems to be true, at least for information systems.

Humanity does not remember what happened yesterday, and is not learning from its experience. How much is written about that already!

Humanity is inconsistent today.

Humanity forecasts tomorrow, but not prepare for it.

Speculative experiment.

Let us say that created "the Markopoulos drug", which allows you return the body to the yang state. Telomeres are longer. There appear for long nonexistent blood vessels that are feeding the vertebral discs. Resolved other issues, such as memory overflow. After all, for thousands of years brain will accumulate a lot of information and the ability of the human body for storage of information are limited.

For example, appeared singularity with IQ equal to one million and almost unlimited mobility. The mentioned law accelerate the development and everything is doubled in a fraction of a second according to the mentioned law.

Imagine events in the year 3000.

A) Banquet, at the table sits a company of people, singularity and bedbugs.

B) Concert Hall. Viewers of the same company.

C) The Olympic competitions and the same company.

Some of you may say that I incorrectly chose the company. After all, the distance between the person and the singularity is considerably greater than between humans and bugs. I will not oppose, because this is an evaluation experiment. We can bedbugs change for amoebas.

Each may write their own continuation. I wonder how the singularity will communicate with people. How people communicate with bugs, we know. I attempted to address this question in my book "**THE SINGULARITY, WHERE IS IT?**"

Ilya Kogan

8. ABOUT ENTANGLEMENT

This section provides an example of how, as a serious and credible scientific literature, observed in physical experiments of a phenomenon that contradicts core hypotheses I put in this book.

However, the interpretation is incompatible with the nature. This is only possible, if the Almighty God jokes.

The *entanglement* is presented as a phenomenon in which the quantum state of two or more objects must be described in relationship to one another, even if the individual items are separated in space. In other words, it seems that the measurement performed on one particle, have an instant impact on another particle.

In a beautiful book by Michio Kaku, "Physics of the Impossible" is written.

"Next, measure the spin of one electron. It is, say, spinning up. Then you know instantly that the spin of the other electron is down. Even if the electrons are separated by many light-years, you instantly know the spin of the second electron cards as soon as you measure the spin of the first electron. In fact, you know this is faster than the speed of light! Because these two electrons are "entangled," that is, their wave functions beat in unison; their wave functions are connected by an invisible thread or umbilical cord. Whatever happens to one automatically has an effect on the other. (This means, in some sense, that what happens to us automatically option affects things instantaneously in distant corners of the universe, since our wave functions were probably entangled at the beginning of time. In some sense, there is a web of entanglement that connects distant corners of the universe, including the us. Einstein derisively called this "spooky action at a distance," and this phenomenon enabled him to "prove" that the quantum theory was wrong, in his mind, since nothing can travel faster than the speed of light." (Kaku, Michio, Physics of the impossible, page 61).

It should be noted that in this case, Professor Kaku is not the author of the theoretical foundations of the quoted text. In this case, he is a physicist with encyclopedia knowledge. However, there is no reason to question the correctness of the statements of the dominant concepts in physics.

It is argued that entanglement does not lead to a violation of the principle of relativity, which states that information cannot be transferred from one place to another faster than the speed of light. However, this violates the laws of motion, that the processes of interaction may not be instant. Stated that the two systems can be separated by great distance. They may be linked; through their links have no useful (?) information. That is why causality due to entanglement is not disturbed.

This is unacceptable for a number of reasons.

1. Speed is limited by conservation laws, rather than the principle of relativity. The theory of relativity does not have any relationship.

2. Why is the interaction instant? Perhaps, it is many times faster than the speed of light, but not instant.

3. If you change the setting in some particle, in connection change the parameter of another particle, the particles for sure have information link.

There is no difference whether the man with a hammer went to the second particle or it is still an unknown type of interaction. It does not matter whether exists an observer, and whether it understand the process of interaction. It does not matter whether a person could use this phenomenon.

Information communication certainly is. It is there if the physics describing these processes, believe in the existence of Almighty God.

Quantum entanglement is the reason to claim that there is another kind of field, which has another, higher propagation speed than the speed of light. Since this field can influence the inertial material bodies, it is material as well. Therefore, its speed cannot be infinite.

At the same time, the quantum entanglement implies the existence of a communication channel between very distant particles in the universe. The length of the channels of communication is corresponding with the greatest distances available in the universe. The number of communication channels can far exceed the number of particles in the universe.

This is so inconsistent with the conservation laws that without critical analysis it should be called pseudo-science. Without statements with hypotheses about the physical nature of this phenomenon; without experimental verification; this phenomenon should be seen as an odd (funny) expression,

- Recognition of the existence of a vast number of channels of communication between particles.

- The recognition that through these channels is moving something and that something

Ilya Kogan

can change the parameters of the entangled particles. This something knows which parameter should be changed. It knows how it necessary to do.

- Recognizing that this something spreads instantly. To change a material parameter in a particle instantly is required infinite power.

The above is enough to destroy all the scientific foundations. Moreover, and above all, the scientific foundations of physics. **However, this may be used as strong argument of God existence.**

9. ABOUT TIME

Approximation usually is correct in some range, outside of which the results may be not accurate and can be paradoxical.

For example, in the model (equation) it is possible to change the sign for time. Therefore, time can flow (in the equation) in the reverse direction. That is, all processes will flow backwards.

For example, thousands of years ago was a battle. The bodies of the warriors are eaten by other creatures and posted worldwide. Humus became food for plants. The plants were eaten or rotten. Wind and rivers smashed their particles all over the world. This phenomenon is repeated many times. All these processes flow in the reverse direction, and warriors moving backwards and alive.

On the possibility of this, large physicists insisted. While they have ignored that, this requires, for example, the absolute determination of the world.

Ilya Kogan

Could in these conditions exist, for example, "Schrödinger's cat"?

It is interesting to remember that (as told by Stephen Hawking), *people are so pleased when they find a solution, that they did not care that it probably has no physical significance.*

Nevertheless, physics is required to have a physical meaning.

In this regard, let us recall one more problem.

ABOUT TIME TRAVEL

What is a trip in time?

1. The opportunity to get ahead and stay there?

2. Look into the future, consider it carefully and return?

3. Look in the past, consider it carefully and return?

4. Go into the future, live there actively and return?

5. Go into the past, live there and return?

The first possibility is almost there, but this is more a branch of medicine and psychology. The remaining options are limited by theory of information not less than by physics. Let me remind that consideration is in an objectively existing universe that is physical one, not in a virtual environment. However, for the virtual environment this consideration is applicable.

In the second and third case, there should be a copy of the universe for each point in time. Absolute copy: with phase matching for each electron in every atom. How can this be? All copies always exist and at the same time, and are evolving (or changed by some higher power (?)) absolutely synchronously, or they are created as needed.

If for each point in time, for the universe constantly exists its absolute copy, each time there is an infinite number of copies of the universe. For the closed model of the universe and discrete time and space, this set might be countable. They should be in the neighborhood and perhaps each in its personal dimension. In addition, at the same time they do not influence each other. Should be (someone) for their permanent alignment, or they develop strictly deterministic. That is, there is no free will, for example, not only for elementary particles, but also for people. That is, all strictly predetermined, including all time travels.

All this can be created by extending the theory of particles entanglement to the entanglement of the universes. Universes can be placed in any multiverse.

If copies are created on an as-needed basis, the issue of the necessary information, perhaps, is greater than the universe itself. The problem of where to place the new copy and how to synchronize with existing ones still exists.

The last two cases complicate the problem, with paradoxes to which they lead.

Can you predict the future? No, if an absolutely exact forecast needed, not a probability of some event. Suppose you have a sufficiently powerful machine and accurate mathematical model. Let us predict somewhere an event in a hundred years. However, in a hundred light years away exploded a star and its radiation burn through, in one hundred years, this place. Given the limitations on the speed of light, emanating from the conservation laws, this information could not be taken into account in predicting.

However, why do all these troubles, build model, gather information, and so on. Fly into the future, look, return and "predict".

In this regard, interesting question, which appears in serious scientific literature in physics.

States that "Schrödinger's cat" by wish of the experimenter may have alive or dead. Described (and tested!) theoretical and experimental. It is possible to open the lid of the box with the cat and close it, if the cat is not in the correct state. This can be repeated until the required state of the cat would be found.

Following from this, I believe, the next step, revival of all creatures.

Still, I will focus on another position, which advocates of time travel state categorically state, however not explicitly.

Travel back in time involves many paradoxes. They should be avoided. I will focus on one.

Someone decided to go back in time to kill his parents. The hypothesis in physics is simple - *this is not allowed.*

Let us guess how it can be prevented.

The killer carefully organized his trip. The killer has adopted all the methods that are described in the works of detectives and in jurisprudence. He mastered the methods of how you can commit murder that it is impossible to prevent and uncover.

However, he did not take into account that there is an almighty, all-seeing, all-knowing, and

68

vigilant **something.** It prevent a conflict that could arise in physics.

This is the mentioned implicit, which quite definitely is insisted by physics.

However, you can suggest new billion, billion, ... (repeat it thousands of times) universes. Assassin thought - a new universe appear. In the new universes killer slightly moved and universes split. In one minute in each new universe can occur thousands of doubling. Moreover, how many happen in a year?

I do not know when the reader (at what step of doubling) start thinking about pseudoscience.

PART 3

Ilya Kogan

10. A MODEL OF THE UNIVERSE

1. INTRODUCTION

The current model of the universe has the disadvantages similar to claims that the Earth is on the back of elephants standing on the back of a turtle. An elderly woman explained to the scientist after his lecture on the structure of the universe: the turtle is standing on next one "and so to the bottom." There is no answer to the question, why something happened at some point and in some time. Not good when such issues are ignored. Sorry, according to current theories, before was neither time nor space. The starting point, as why it started is ignored. The woman was much more logical.

Open model of the universe will exist forever in time and space. New universe, if it occurs, would appear in existing ones. The assumption of the existence of more than three dimensions of space are unlikely to help. Analysis of isometric 4-D cube shows that any three-dimensional cube would have shared space with other 3-D cubes from the other 3-D subspaces. In other words, it should be assumed that in the same space are many bodies, a lot of fields, etc., and they do not affect each other. This does not happen with parallel lines or planes that have no volume and mass. Again, should be the question, why appeared the universe and why the only one.

There are theories to explain the various phenomena. For example, for time travel is the existence (infinite?) at the same time of multiple synchronized universes. The authors did not consider the problem of synchronization.

Closed model assumes that the universe expands and contracts periodically. However, compression ends with a geometric point with the disappearance of time and space. Where, why and when would start a new period of evolution of the universe? The question remains open.

In the present work, it is assumed version of the universe, for which:

There is an infinite three-dimensional Euclidean space. It will be called absolute space. Space is isomorphic and there is no preferred points. It is impossible to note some point in space. I would emphasize that this does not mean that you cannot measure, e.g., absolute speed.

There is an absolute time, which has no beginning and no end.

Ilya Kogan

In absolute space is randomly distributed matter and (or) energy.

All the mentioned existed, and will exist eternally, and regardless of any observer or consciousness.

These provisions follow the conservation laws. If you cannot create something out of nothing, it existed forever. Similarly, if impossible something to turn into nothing, it will last forever. The matter is in constant motion, under the influence of the force of gravity, light pressure, explosions, etc. The more matter is in a certain place, the greater the attraction, gathering more matter into this place. The result is a huge black hole. Pressure reaches a critical point and the big bang (BB) form a new local universe (**u** instead of **U**). This local universe is called the "Universe" in the existing models, and it is assumed that it is the only one. The actual process may go through a period of fluctuations with powerful electromagnetic radiation. However, with time comes BB.

Depending on the strength of the BB, there will be a closed or an open universe. Open universe may be changed to closed one, if the surrounding space would add to it some matter. This can also happen with a closed universe, if neighboring universes would take part of its matter. In our universe, there are galaxies with blue shift. It can be assumed that they came to our universe from the surrounding space. That is, from neighboring universes.

"Well known" that the universe may not be infinite, as in this case, for example, the sky will have infinite luminosity. Why not assume that thick enough space becomes not transparent, that the light path or meteorite cannot pass the shield made of a dense matter, which will stop them. An infinite series can have the final sum. For the average luminosity in the universe, it is applicable, if the density is less than a certain limit, i.e. the distance between the universes will be greater than a certain value. It may happen, if you have a fade in space, for example, interstellar matter.

However, it is funny that physicists and philosophers, living in a limited medium-density matter (energy) space, argue that if the universe is infinite, and then at each point will be infinite brightness. That is, infinite energy (matter) density at each point.

2. THE STRUCTURE OF THE MODEL

The model of the big bang (BB) is similar to a blast in the center of a ball. Matter spreads in all directions in the existing prior to the blast area. Velocity of layers, located closer to the surface of the ball would be greater. Thus, the visible universe appears to be expanding. Objects located farther have a larger redshift. The speed is slowed by gravitational forces. Speed of moving away galaxies and the redshift would reduce over time.

Will be the local universe closed or open depends on the density of matter and initial velocities. This may affect the gravity of the nearby local universes in the external space.

This can be summarized as follows. The observed expansion of the universe is a movement from the center of BB in the existing space.

It does not stretch the space created by BB. BB throws matter with a great speed. Speed decreases from the surface to the center. Over time, gravity slows the speed of expansion of the universe and it decreases with time. I would emphasize that it does not follow that the universe is closed, and over time, it contracts back to the point of the explosion.

Observations show increasing velocities (redshift) with distance. This corresponds for the most remote, their state as 10 billion years ago. With such interpretation is not raised questions about increasing over time distances in the solar system, or within atoms. Some authors argue that the movement is not in the pure vacuum would lead to inhibition of the heavenly bodies due to the diffused interstellar matter. In principle, this is true.

We will estimate the allowable densities of interstellar matter. The Earth moves together with the Sun at a speed of 220 km/sec or 2×10^5 m/s. Speed of light is 3×10^8 m/s. For 10 billion years, the Earth passes 10^7 ly (*light year*), or 10^{23} m. *All calculations are carried out with an accuracy of one decimal order.* Cross-sectional area of the Earth 10^{14} sq. m. Taking the weight of the Earth 10^{25} kg, we get 10^{11} kg per sq. m of cross-section. Let the Earth during its existence (10 billion years) loses 10^{-8} of its speed by braking due to interstellar matter, that is, it meets per sq. m. 100000 kg of matter. For the cylinder of length 10 billion ly is the average density of $100000/10^{23} = 10^{-18}$ kg/m^3.

For larger celestial bodies will be considerably smaller braking. Error by several orders of magnitude does not change the result - the **phenomenon of breaking because of the meeting with interstellar matter may be disregarded in determining velocities of celestial bodies. At the same time, is valid density of interstellar matter, which makes a thick (billions ly) space not transparent.** However, this breaking can be significant for interstellar ships.

Consider the impact of the expansion of the universe, in the conventional sense. That is, assuming that is stretched the space rather than fly away in all directions from the center of the blast chunks of matter in existing space. In this case, should increase over time all distances. For example, the orbital radii of planets and orbits of electrons in atoms. The

Hubble factor is equal to 50 km/s/Mparsek = 50 km/s/3 x 10^{22} m = 1.7 m/s/10^{18} m.

Earth's orbital radius is 1.5 x 10^{11} m; we get 10^{-7} m/s. For a billion years, it will get 100 m. This is measurable value. **The conclusions of these measurements can serve as a reason against the hypothesis adopted - the expansion (stretch) of the universe**.

3. THE LUMINOSITY OF THE SKY

3.1. MODEL

Consider the following geometric model of the universe. At the center is our universe. Then the layers of thickness of 3000 billion ly (light-year). The latter figure has the following justification. With a radius of 15 billion ly, the volume of the universe is 10^{31} cu. ly. The volume for one Galaxy is, approximately, 10^{31} / 10^{11} = 10^{20} cu. ly. Our Galaxy is shaped like a disk diameter of 100000 ly. Volume of sphere = 10^{15} cu. ly. It has the form of a disk and its volume is less than 0.1 of a ball, that is, 10^{14} cu. ly. Ratio of the radius of the Galaxy space to Galaxy radius is from 100 to 1000.

Accepted 200, 15 billion ly x 200 = 3000 billion ly.

On the surface the first layer with a radius R1 = 3000 billion ly fit from 15 to 20 universes. Let us take 20. Surface layer will be S1 = 10^{26} sq ly. In the layer **n,** there will be $\mathbf{n^2} \times 20$. Concurrently, **Rn = R1 x n.** Thus, the number of universes increases and decreases brightness proportionally. Consequently, the total brightness of each layer is identical. Bearing in mind that the angular dimensions are reduced with the distance, each layer shields the same surface area of the first layer.

If all the radiation reaches our universe, in the endless universe we get an infinite brightness. This is absurd, since at any point in the space would be an infinite energy and matter density.

Take the radius of the universe 15 billion ly. Then the area of its cross-section is equal to 10^3 billion sq ly. For 20 universes of the first layer is 2×10^4 billion sq ly. or 10^{22} sq. ly. Therefore, universes of the first layer screen approximately 10^{-4} surface of the sky. For reliable effect, about a tenfold screening required or 10^5 layers. Therefore, total additional luminosity of sky will equal 10^5 universes of the first layer.

3.2. THE LAYER LUMINANCE AND THE ADDITIONAL SKY LUMINOSITY

The vast majority of galaxies have luminosity less than 24 magnitude, or 10^{-10} luminosity of the first

Ilya Kogan

magnitude star. From a neighboring universe, they appear in 200^2 or 10^4 times weaker. In the universe is 10^{11} galaxies and its total luminosity is 10^{-3} star of the first magnitude. Because the layer has 20 universes, the total luminosity of this layer equal luminosity of less than fifth magnitude star.

Total light of 10^5 layers inside the screen adds brightness as of 10^5 fifth magnitude stars. It is obvious that an error by several orders does would not affect the conclusion: the **infinite universe has virtually no effect on the brightness of the sky.**

3.3. THE ABSORPTION OF INTERSTELLAR MATTER

Above was not taken into account absorption by interstellar matter. Since the universe exists forever, the interstellar dust scattered throughout the all space. To absorb half of the radiation on the 3000 billion ly enough absorption by about 0.0001 for a billion ly. Above, in determining the speed breaking of celestial bodies, there have been shown that it is quite small and it is quite permissible density of interstellar matter.

In this case, the sum of the infinite layers of radiation will be (as the sum of a geometric progression) only two layers, i.e. the total brightness of the infinite universe adds luminosity two stars fifth value. Screening discussed above can only reduce the luminosity.

The development cycle of the universe between BB about 10^{11} years. It is obvious that a quarter of the term luminosity of galaxies is significantly reduced. This can reduce the additional luminosity of sky.

4. BRIGHTNESS OF BIG BANGS

Once approximately, in 10^{11} years a local universe has a BB. In the first layer, it happens once in 5×10^9 years. In the second layer once in 1.25×10^9 years, in the third in 0.31×10^9 years and so on. The brightness of this phenomenon can have much higher luminosity then the universe after a billion years after the BB, i.e. when the universe cooled and its radiation will decrease. Apparently, the reasons of BB is an unknown phenomenon, which happen when exceeding a certain threshold densities. Maybe all matter is converted into energy. As a result, the internal pressure exceeds the gravitational and happen an explosion with dispersal of matter and radiation. This phenomenon is called BB.

Most likely the attraction of matter, i.e., compression of the universe, is not symmetrical. In this case, instead of a symmetric explosion, in which the movement of matter and energy goes in all directions, the picture can be, for example, the following. Critical density is reached in the place

Ilya Kogan

located relatively far from the center and close to the surface. The explosion discloses the surface and is a powerful radiation. At the same time decreases pressure, stops the reaction and surface closes. After some time, the process is repeated.

Given the enormous strength, the period may be small. This process can be described by the simulation on the computer.

Each subsequent explosion will be nearer to the center because at the side of explosion the pressure will fall. Thus, the process will go in the direction of BB.

At the same time, this process is very similar to the description of quasars. When it first appeared publications on quasars, I tried to publish the provided view.

According to current theories in the initial period after BB, the universe is expanding at speed greater than the speed of light in vacuum. However, this fact is contrary to the limit on the speed and silenced. However, it is apparently possible.

Fizeau experiment may not testify in favor of the theory of relativity, according to Einstein. In rejecting the word ether, and replacing it with the word vacuum with certain properties, was rejected the existence of the ether wind. Why is "water wind" in the experiment of Fizeau supported?

The light is apparently moving in vacuum with properties being modified in the presence of water. Such a view helps explain the possibility of expansion of the universe at speeds higher than the speed of light in vacuum.

In high-temperature plasma with huge pressure, vacuum properties (for example, dielectric and magnetic permeability) may be different. If the speed of light is ten million times greater than today's, the movement with a speed equal 1,000 current velocity of light is quite normal (when were the enormous pressure and temperature).

In this case, the radiation of the rapidly expanding universe will be reduced by absorption of emitted matter, which surpasses the light. Once the light is moved outside the space of huge temperatures and pressures, its speed is reduced, and it is partly within the moving away matter. This will reduce the brightness of the BB.

5. THE BLACK MATTER AND (OR) BLACK ENERGY

This section is based on the hypothesis that the phenomenon, which is called the black matter and (or) black energy is a relic and other radiation. This assumes that:

1. Radiation of evenly dispersed in space, with an average density of 500 quanta per cubic centimeter.

2. Electromagnetic energy has a gravitational field corresponding to its rest mass. For example, Stephen Hawking is considering the possibility of the existence of black holes of electromagnetic energy, which confirms the validity of this approach.

3. Gravitational mass of a quantum of electromagnetic energy is equal to the mass of an electron. This follows from conversion of electron plus positron into two quanta of electromagnetic energy. How does this conversion, in this case it does not matter if the law of conservation are obeyed. Neither energy nor mass cannot vanish or appear out of nothing. For example, elementary particles are miniature stable energy black holes, in which is concentrated energy of electromagnetic quanta. Apparently, there are a number of such stable states, or elementary particles.

All calculations are rounded to the nearest degree. This will not affect the quality of the picture.

Source data:

Electron mass 10^{-27} g.

The mass of the Sun is equal to the mass of the solar system 2×10^{33} g.

The radius of the solar system (the orbit of Neptune) 4×10^{14} cm.

The solar system volume is 3×10^{44} cubic cm.

The average density of the solar system 0.7×10^{-11} g per cubic cm.

The average mass of a Galaxy (10^{10} stars) is 10^{43} g.

The radius of an average Galaxy 10^{22} cm.

The volume of an average Galaxy 10^{66} cubic cm.

The average density of a Galaxy is 10^{-23} g per cubic cm.

The average weight of a local universe (10^{12} galaxies) is equal to 10^{55} g.

The average radius of a local universe 10^{28} cm.

The volume of an average local universe 10^{84} cubic cm.

The average density of a local universe 10^{-29} g per cubic cm.

The radius of a local universe with the adjacent (empty) space 10^{31} cm.

The volume of the local universe with the adjacent space 10^{93} cubic cm.

The average mass density in space 10^{-38} g per cubic cm.

The average density of the radiation of 5×10^{-25} g per cubic cm.

From the given values should follow:

At the scale of the solar system, star mass density exceeds the density of inter-star (black) matter in 10^{13} times. Therefore, the impact of black matter and (or) energy is so small that it can be neglected.

Across the Galaxy, mass density of stars superior density of radiation about 20 times. Therefore, the impact of black matter and (or) energy should be taken into account when are exact calculations.

In the local universe, mass density radiation exceeds the average mass density of stars in 10^5 times. Therefore, the impact of black matter and (or) energy is dominant.

For cosmic space, radiation exceeds the average mass density of stars in 10^{14} times. Therefore, the impact of black matter and (or) energy is the dominant and the influence of the mass of the stars and planets can be neglected.

This conclusion may affect the existence of cosmic dust in interstellar space. That is, the impact of black matter may increase.

11. THE LAWS OF THE UNIVERSE

The fundamental laws of the Universe (nature) are conservation laws. They suggest that the Universe is infinite three-dimensional Euclidean space. In this space are distributed local universes. An example of a local universe is our universe.

Macro theory of our local universe investigated in relativity theory. Micro theory describes the phenomenon of particle and no deeper. Assumed that there are atoms. Atom consists of a nucleus and orbiting electrons.

The nucleus is stable thanks to some forces. The electrons do not fall on the nucleus due to centrifugal force and does not radiate energy due to integer number of waves in their orbits. So are defined stable orbit and stability of the atom.

When there is enough pressure, this stability can be broken. For example, the gravitational force of the black dwarf press atoms so hard that their electron shells fall to the nucleus. Electric charges disappear (balanced) and remain neutrons pressed together.

Gravitational forces operate not only in the black dwarf stars. Gravitational forces are trying to gather all the surrounding matter. This inevitably leads to the formation of the black holes.

The larger is the black hole, the more it attracts the surrounding matter and increases its mass. The greater the mass of the black hole, the stronger the internal pressure. It is clear that neutrons can also be crushed.

There are known converting energy into matter. For example, converting photons into electron and positron. Such transformations are complying with conservation laws. This allows assuming that material particles are clots of energy. **That is, the elementary particles are miniature stable black holes.**

If the matter, that is, the elementary particles are miniature black holes, then the ultra-high pressure destroys these black holes. Compression converts them into homogeneous form of energy. It is conversion of matter to the radiation, i.e. the destruction of micro black holes or elementary particles.

The internal pressure of the electromagnetic energy is proportional to the fourth power. The gravitational pressure is proportional to the third power. Consequently, the black hole blows up. That is, the BB and a new stage of development of the local universe.

The blast initially occurs in some central part of the black hole in space, where have exceeded the allowable pressure. Explosion pressure further compresses the surrounding matter and conversion extends to some surrounding space.

The above allows formulating

THE THEORY OF THE ABSOLUTE SPACE

The theory is largely based on the speculative experiments with three mutually perpendicular lines of spacecrafts. Subsequent speculative experiment carried out on one-dimensional model. One-dimensional experiment allows you to submit three-dimensional.

Consider the following experiment. Imagine a line that contains hundreds of space stations at a distance of half of a light second. There are several parallel lines A, B, C, D, and so on from left to right in each station provided an activity program. Each station knows its history and sees the station of its line and lines to the right side. It passes the information in all directions, for example, stations in

C see only C, D, E, and so on, but do not know anything about the stations A and B. A see all stations and captures information from A, B, C, and so on.

The result allow creating a coordinate system fixed relative to the "fixed stars". It would be more accurate to say, relatively cluster of universes.

The First Phase of the Experiment.

At some point, all stations except A start moving along the line A in the same direction at a speed of .5 c. Then C, D, and E continue along the A and F, G, and H start moving in the opposite direction, all velocities are equal .5 c relative to B. This is repeated with D and E relative to C and with the G and H relative to F. In addition, all stations are sending pulses of light in the direction of A and in both directions along its line. In the pulses are coded ID of the station, time, energy, spent on acceleration, and other data. Station memorize the information. Station in the A accumulate and analyze all collected information. Final analysis is produced in the central system.

The Second Phase of the Experiment.

It is added system of stations, which move perpendicular to the lines of stations referred to in the first step. When the second stations are near the first, pulses of light are emitted at all stations along the lines of the first stations. There are observed and analyzed the trajectories of the beams, which must be parallel. In fact, they move under a certain angle. The rays emitted by the second stations deviate from the rays emitted from the first stations in the direction of movement of the second stations.

The results of these experiments suggest that there are:

1. The maximum absolute speed equal to the speed of light in vacuum. Approaching that speed decreases the size of the bodies in the direction of movement. At the same time increasing the density. This is equivalent to increasing internal pressure. Consequently, there is a limit to the speed, at which elementary particles cannot exist. There is a limit of stability for micro black holes.

2. Maximum speed which depends on the properties of the vacuum, and which can be changed. Depending on the properties of the vacuum in a specific portion of the space, it can be larger or smaller. This explains the movement after the big bang at speeds not allowed in our conditions.

3. Minimum speed is zero. An absolute speed.

4. The mass of the body may not exceed a certain maximum amount. Any further increase in the body's energy (increase in speed or temperature) leads to conversion of matter in the electromagnetic energy.

5. Body mass may not be less than a minimum value for this body. This occurs at a temperature of absolute zero and zero speed.

6. Maximum temperature exceeding which turns matter in electromagnetic energy.

7. Minimum temperature, or absolute zero.

8. Absolute time - time at zero speed and minimum temperature.

9. There is a steady number of states of energy or microscopic black holes. The elementary particles are their example. Apparently can be a mathematical model to determine the status of this.

10. The Universe exists forever in an infinite three-dimensional Euclidean space. In other words, the laws of conservation of energy (matter) are absolute; they are respected in any part of the space and at any point in time.

This affects some of the results taken in physics. For example, the impossibility of singularity in the black holes. The Theory of the Absolute Space allows you to fix the coordinate system in space, which is not tied to celestial bodies. However, this system indirectly tied to celestial bodies because its position is calculated with respect to these bodies. In this system, it is possible to determine the absolute path of the bodies.

12. ON THE CONTINUITY OF
SPACE, TIME AND ENERGY

It is known that energy is measured by quanta. The smallest portion is equal to the product of the Planck constant and the frequency. However, this is for the portion of energy. Is this true for the phenomenon called energy?

For the answer, consider the minimum possible energy change. This change is proportional to the minimum-possible change in frequency. It is much less than the energy of quantum. It can be argued that the phenomenon of energy is continuous, if frequency can be changed continuously. Since the frequency has the dimension of time, then the energy will be continuous, if continuous is time.

This, in turn, requires an analysis of space. If the phenomenon of space is not continuous, then any line segment will have a finite number of minimal segments or points. Each segment (point) is part of the length of the line and its coordinates. The mathematical theory of numbers will have little to do with such physical reality. However, for mathematics solution is obvious. A mathematician may find a minimum interval, count number of points in it, etc. ad infinitum. This should be possible, because the minimum length of the primary space can be treated as a secondary space, and so on. The internal intervals re-numbering is adopted in mathematics. Therefore, we have continuous picture. If this procedure were carried out in real space, it also would be continuous.

If there is a minimal undividable part of space, one can speculate about the nature of this part. On the other hand, it is doubtful that it will be possible to produce an analysis of such small quantities in experiments. This value would be several dozen orders of magnitude less then used in experiments.

In addition, it should be possible to move from the beginning to the end of the minimum interval immediately. The body must move with stops at the end of each minimum interval. Otherwise, the average speed would be either zero or infinite. In addition, if time is discrete, you need carry on synchronization of time and space.

The arguments suggest that the phenomena of space, time and energy have a continuous structure.

Ilya Kogan

The problem can be dealt and discussed as follows:

ZENO'S PARADOX: "ACHILLES AND THE TORTOISE"

After the introduction of the theory of infinite series, paradox in its original meaning and discussion are meaningless. Is this true? Moreover, today there is no single answer to the question: are discrete or continuous time and space.

Time. Time is measured only in terms of a sequence of events, no events and no measurable time. If everything in the universe is in absolute rest relative to each other, then there is no measured time. Speed of time is determined by a clock mechanism, which can be attached to a pendulum, or the velocity of a certain phenomenon (such as the speed of light in a system where done measurements), or the speed of certain biological processes (healing scrapes). This all are events.

Speaking about the continuity of time meant the possibility of infinite division of time interval between two events.

Space. Space and any system of coordinates, it makes sense to describe the existence of matter (energy). As for the time, there are comparisons. All units of length are determined by material objects: the standard meter or wavelength.

Speaking about the continuity of space, meaning the possibility of infinite dividing a line. The length can be, for example, a diameter of the hole in a body.

Zeno's paradox can be expressed as follows:

Theorem. Achilles overtake the turtle, if and only if, either space or time are continuous. I.e., if there are no minimum intervals of either space or time.

Assume the opposite, i.e. that there are minimal intervals for space and time. For simplicity, suppose that for 10 per cent Achilles speed is greater than the speed of the turtle. The minimum length of time is the same for Achilles and the tortoise. At this minimum interval of time, each of them is standing, or moving at a minimum length of space, which is the same for Achilles and the tortoise. Therefore, their speed is the same. The case with a management system, which remembers how many intervals to delay for the turtle, is excluded.

We have a contradiction.

Ilya Kogan

ON THE RELATIVITY OF SIMULTANEITY AND SPEED OF TIME

Not good for physical phenomena build mathematical models that use infinity or zero. Not infinitely small or infinitely large values, namely, exactly zeros.

For example, the relativity of simultaneity is following from the law of conservation of energy (matter); this follows impossibility of infinite speed.

Speculative Experiment 1

Imagine a straight line and note three dots (a), (b) and between them (d). In point (d), break out a light flash. If light travels with infinite speed, it instantly comes to anywhere. In this case, to observers at points (a) and (b) flash occurred at the same time. If the speed of light is finite, then depending on the distance to the point of (d) signal arrival time will change. Consequently, in the final speed of light, that is the ultimate speed of signal propagation in space, is changing the idea of simultaneity of events to observers. It shall remain in force and in case, the observers are moving.

Interesting to recall that in school, we solved by arithmetic methods task on the time and place of meeting cars moving towards each other. It said that the speed of convergence of car is equal to the sum of their speeds. When the light moves toward the train, we use the same formula of arithmetic, and use the value equal to the arithmetic sum of the speeds. This value is greater than the speed of light.

However, to calculate the speed of convergence of flashes of light the Lorentz transformation is applied to create a different reference system. As written by A. Einstein "Of course this is not surprising, since the equations of Lorentz transformations were derived conformably to this point of view." i.e., obtaining $x = C \times t$. See page 39 of the book "Relativity", Three Rivers Press, NY.

Someone, in the history of science, had the genius and first analyzed the relativity of simultaneity. **However, it follows from the speed of light limit. The latter is a consequence of the postulates of the law of conservation.** The Relativity Theory, does not discover this, it uses this fact.

Speculative Experiment 2

Imagine a very long railway. Through small gaps on rails installed systems that have watches, a device for sending flushes, reception and storage of signals. In memory may be registered characteristics such as signal source, the name (number) of the signal, the time of its coming, or its start.

On this railroad, let us call it A, is moving at constant speed from left to right a long train A. On the rain A, on its roof, are set rails B and D similar as A. On the rails B, a train B moves from left to right, i.e. the direction of trains A and B are the same. On rails D, the train D is moving in the opposite direction.

Trains stood still in the past, and was determined their length. All three trains were of equal length L. All three trains accelerated to relativistic (comparable with the speed of light) speed. Instruments recorded place and time of the beginning and end of all trains, which were moving with a constant speed. In these records are length and speed of trains on the coordinate systems associated with each railroad.

Train A moves to the right with a speed V. Train D moves on the roof of train A with speed W, such that it is motionless relatively the rails A. Precisely at this speed W, the train B moves to the right on the rails B. Remind that the rails B and D tightly associated with the train A and do not move relative to each other. A figure is not included, because it seems to me that it is little help. However, if the reader needs a schematic, it can easy to draw.

According to Special Relativity Theory (RT), clocks in the train A go slower than on rails A. Clocks of trains B and D, the same should be slower than in train A. However, the clock on the train D is motionless relative the rails A. Its clock must match the clock on rails A. Train Passengers in A will be younger than passengers seated on the platform of rails A. Train passengers in B and D will the same younger then passengers in the train A. At the same time, the passengers in D will not be younger, than passengers, which are seated on the platform (rails A). They are motionless relative to each other and talk through the open windows.

Speculative experiment 3

Repeats the experiment 2, but trains A, B and D consist of cars of equal length connected by sliding components. Rails B and D have equal length segments equal the length of the car, which are connected by a sliding rail lines between cars.

Accelerates to constant relativistic speeds are not the trains, each car by its engine. A synchronization system, of acceleration and uniform motion of each car in the train, controls the movement.

In this case, the rails A are unchanging; trains can change their length depending on their speeds (under RT). Therefore, may change its length the sliding connections. The experiment reviewed on site speculations.us.

The conclusions from the speculative experiments are obvious.

Ilya Kogan

13. BOOK "ANALYSIS OF THE RELATIVITY THEORY"

ISBN-13: 978-1466256309 ISBN-10: 1466256303

This chapter contains extracts from the book. I believe that this will support and help to clarify the statements in part 1.

TABLE OF CONTENTS
(In this chapter all numbers
of pages and chapters are as
in the book "Analysis of the RT")

The curly brackets are numbers of notes, which are in the chapter 17. NOTES of the book "Analysis of RT", i.e. in this chapter 13.

....
.... (Intervals of not included)

Ilya Kogan

> *"Unless a theory can be explained to a child, the theory is probably useless."* - Albert Einstein

INTRODUCTION

In the present work carried out speculative experiments, which allow doubting the validity of the axioms underlying the Theory of Relativity (RT). This primarily refers to the most important fundamental points:

- The constancy of the speed of light in any direction in an inertial system.

- The possibility to choose arbitrarily a motionless system from two systems that move relative each other;

Analysis of the experiments is a background of the existence of absolute space and absolute velocity.

Albert Einstein introduces the provisions (the axioms) of the Theory of Relativity speculatively, and their rationale and reasoning carried out by speculative experiments. Based on the introduced axioms is built a powerful and coherent mathematical model.

The purpose of this paper is to analyze some of the provisions underlying the Theory of Relativity that is the pedestal of the mathematical model, which is constructed based on the axioms. To this end, a number of speculative experiments were performed. These experiments prove the infidelity, or call into question the base (the axioms) of the Theory of Relativity.

We do not consider mathematical models that are built based on (axioms) proposed by Albert Einstein. In question are the axioms themselves. What could be the consequence of this is well known. For example, there are known findings from the criticism of only one of the geometry axiom of parallel lines.

Not considered and there is no question of statements of Einstein, that a problem was first studied in his works. The fact that Einstein first considered some of the issues is not related to the true reason for allegiance of proposed statements (axioms). As an example, may be taken the problem of the relativity of simultaneity, which is not associated with or derived from RT {2} (*In brackets are the numbers of observations which summarized in a separate chapter 17 of the book, which is in this chapter. It is in chapter 13 of the book "QUANTUM COMPUTER …"*).

The author believes in the law of conservation of energy - matter {3}. My reasoning is that the relativity of events follows from the conservation laws. The other and the only option is the introduction of the possibilities of Almighty God as an alternative to conservation laws.

Sometimes the arguments in support of Einstein's RT seem unconvincing. As an example, it is the assertion that the Fizeau experiment confirms the RT formula of addition of velocities and is contrary to the Newton one {4}.

It is not used math.

First, I do not possess the necessary mathematical tools. However, in addition to Radio Engineering, which I graduated with honors, I completely passed all the exams at the rate of mechanics and mathematics of the University with a slope of "differential and integral equations of mathematical physics" {5}.

Second, and most importantly, I have heard from very reputable scientists, that there are sections of knowledge where mathematics does not help clarify the problem. I would like to mention outstanding mathematicians as I. M. Gelfand, A. A. Kolmogorov, M. V. Keldysh and V. M. Glushkov. Maybe it is referring to Albert Einstein, expressing - sentence made as epigraph to this chapter. Unfortunately, I have not found references to the original, but Micheo Kaku in his excellent book "The Physics of the Impossible" discusses on page 199 this statement. «Einstein once said that unless a theory can be explained to a child, the theory was probably useless; that is, the essence of a theory has to be captured by a physical picture. So many physicists get lost in a thicket of mathematics that leads nowhere. However, like Newton before him, Einstein was obsessed by the physical picture; the mathematics would come later. For Newton, the physical picture was the falling apple and the moon. Were the forces that made an apple fall identical to the forces that guided the moon in its orbit? When Newton decided that the answer was yes, he created a mathematical architecture for the universe that suddenly unveiled the greatest secret of the heavens, the motion of celestial bodies themselves. »

On my site {6} is described a number of speculative experiments. In these experiments, I attempted to prove that it is a difference, which, of moving relative to each other, coordinate systems may be taken as fixed. That is, if the mathematical model allows a different choice, this does not mean that it corresponds to reality and is consistent with it. As an example is the symmetry of time in both directions. There have been attempts to prove by very influential physicists, that something that allows a mathematical model corresponds to reality.

On the site, I tried to explain the presentation using pictures, but apparently, this was unsuccessful. Now I have concluded that it would be more understandable description of all the conditions without usage of images.

Ilya Kogan

The subject of this work did not appear today {7}. The first time I tried to discuss the topics raises to 1949, after the university course of lectures on the basics of relativity. I did not see convincing the justification, given in lectures on physics and thermodynamics. I thought that my arguments are correct, even though they are not in agreement with the Theory of Relativity and other statements made by big authorities. For example, I offered to discuss speculative experiments such as:

- Parallel motion of the light pulse and a bullet, which moves near the speed of light.

- A construction with sliding carriages of the train moving at relativistic speeds.

Our professor of physics, listened to me, but offered to do another subject {8}. He was soon replaced by Professor Bryukhanov, a real scientist in physics. I turned to him and he said that he never was interested in the number 137. There are so many interesting topics such as, e.g., the Theory of Relativity. I was delighted, but after listening to me, he gave a long list of references, in which one could drown. The reading only confirmed my doubts.

Since then, and until now, I did not have a serious talk with physicists on these topics. I had long conversations, for example, with such big physicists as academicians Ya. Zeldovich, V. Veksler and other reputable physicists. However, my interlocutors avoid discussing substantive issues.

....

....

Below are a few quotes from the book. In full included chapter **5. About two hypotheses of the theory of relativity**. These hypotheses, I think, are fundamental in the theory of relativity. In General, RT is built on, speculatively entered by A. Einstein, axioms. These axioms are backgrounded in his speculative experiments.

The fact that RT, based on the Einstein axioms, perfectly explains (match results) for many phenomena, of course, speaks in its favor. Nevertheless, the caloric theory and belief that electric current flows from positive to negative did not interfere with the fruitful enlargement of their scientific fields.

At the same time it does not contradict the possibility of building another system of axioms that will give the same result., for example, book *"Relativity and common sense»*, G. Bondy, World 1967. In this work, the same model of RT received without the use of the principle of relativity and Lorentz transformations {11}.

After section 5 is fully included the section 16 **Conclusion** and section 17. **Notes**. The Notes of the book have independent meaning.

....

....

5. ABOUT TWO HYPOTHESES OF THE RELATIVITY THEORY

5.1. The cause of the relative simultaneity of events

The car T1 stands motionless on the rails R0 of the platform. It is assumed that the platform is motionless and the speed of light along the R0 is the same in both directions. For this experiment, we need a single car. Further arguments are as close as possible to ones conducted by Einstein in his book "Relativity, The Special and the General Theory", Three River Press New York, 1961.

In the mentioned paper, Einstein considers the situation when at the edges of the car there are flashes of lightning (light pulses). In the center of the car sits an observer. Further, it is written on page 26, **"If the observer perceives the two flashes of lightning at the same time, then they are simultaneous."** That is not it seems to the observer, but in fact both the lightning occurred at the same time. After this statement are arguments in support of its validity.

Imagine a fixed car with length of a light-year. The observer sits in front of the car. A year ago at the back of the car flashed a lightning. At the time of its approach to the front of the car flashed a lightning at the front wall. The observer perceives the two lightning together. For him, it seems at the same time, but how it is in reality.

In a stationary car with length of two light years, sit two observers, one in the center of the car and the other at the front wall. At the ends of the car at the same time (according to synchronized clocks) flashed lightning. They would be simultaneous to an observer at the center; between the lightings would be a time interval of two years for the observer at the front of the car.

The latter is due to the finite speed of light, which is a consequence of conservation laws.

Suppose that in the previous case, both observers at the time, when the simultaneous lightning flashed at the ends of the car, were at the center of a standing car. One observer was moving toward the front of the car. His speed was such that he reached the front of the train simultaneously with the flash from the back of the car, which took place in two years after its outbreak. On the way from the center of the front wall, he met the lightning, which occurred at the front wall. In this case, the period between flashes for the moving observer would be about a year. For the observer at the center the lightning would be simultaneous.

From the above arguments, it follows that there is no fundamental difference in the absence of simultaneity in the case of two relatively stationary observers, and in the case of observers moving relative to each other, or relatively the emitters.

The reason is the same - the finiteness of the speed of light, which follows from the conservation laws {2}.

It is obvious, according to Einstein's conditions,

- *if observer have seen the lights at the same time,*
- *if the pulses started at the same time, that is* **simultaneously,**
- *if the distant is equal (observer is in the middle).*

Then pulses are simultaneous. Would somebody argue? Does this deserve a discussion?

Creating two simultaneous outbreaks seemed to me problematic. Einstein does not explain how to do this. At the same time this (the two simultaneous flashes) allow to talk about the relativity of simultaneity of events. I replaced the two flashes by one (see {9}).

5.2. One central flash of light

5.2.1. The car is motionless

The car T1 stands still on the rails R0. It is assumed that the platform is motionless and the speed of light along the rails R0 is the same in both directions. For this experiment, we need one long car. On the rails are bars at the same distance a one light second apart. The left crossbar number P0. To the right (forward) the number of bars are P1, P2 ... The left sides of the car identified as P1b, the right side as P1f. When the center of the car (point P1c) is at the point (bar) P24, then the front wall coincides with crossbar P48, and the rear wall of the car (the point P1b) coincides with the point P0. That is the car length equals 48 bars (light-seconds).

In the central bar P24, which is on the motionless rails R0, at some moment of time are emitted two light pulses in opposite directions. This is equivalent to one pulse, which is visible from both sides {9}. Clearly, both the pulses according to synchronized clocks would reach the beginning and the end of the car, as well as the crossbars P0 and P48 at the same time (simultaneously).

Ilya Kogan

5.2.2. The car moves to the right uniformly, measurements are made by the rails clock

Unlike the provisions of paragraph 5.2.1, the car moves uniformly to the right. A reduction in the length of the car in this case is irrelevant. If the length of the car decreases, for example, twice, then the car length in the rails would be considered not 48 intervals, but 24.

At some point in time when the center of the car P1c coincides with the point P12, are recorded data about the crossbars P0 and P24, over which are the beginning P1b and the end P1f of the car. At this moment, at the central beam at the rails segment, that is on the rails crossbar P12, is emitted a pulse that propagates in the opposite directions. It is obvious that on the fixed rails the pulses would reach its end at equal intervals, denoted as tr0.

Registrations would remember the time interval tf0 of the rails clocks, when was reached the front of the train (P1f) by the light pulse moving forward on (in) the train. Would be remembered, the time interval tb0 to reach the back of the car (P1b) by the light pulse moving towards the car.

After an interval of time tr0, when a pulse of light reaches the right end of the segment of rails, that is the point P24, the front wall (P1f) would move to the right and it would take some time to achieve it.

113

For this reason tf0 > tr0. When moving to the left the light pulse meets the back of the car before the bar P0 - beginning of the interval, and tr0 > tb0.

Thus, tf0 > tb0, and in terms of rail clock, pulses simultaneous in the stationary system, are not simultaneous for the moving system.

For this result, it is enough that the points, at which are recorded the light pulses, were shifted during the experiment. The latter follows from the finiteness of the speed of light. This in turn follows from the law of conservation of energy - matter. If the light would spread with an infinite velocity, which is possible in a system created and managed by the almighty God who is beyond nature, then simultaneity would not be disrupted.

5.2.3. Measurements are made by the car clock

In this section, the experiment is done with arguments based on common sense. However, the author does not trust it, and in the next section, is repeated the analysis of the situation, but based on the Lorentz transformations.

Conditions are the same as in paragraph 5.2.2. It is assumed:

1. All the clocks of the car run with the same speed.

Ilya Kogan

2. All the clocks on the rails run with the same speed. The rails clocks are synchronized, that is their readings at any given time are identical.

3. If the speed of time in a moving car is different, suppose the coefficient is k, this ratio is constant at a constant speed of the car.

4. The length of the car is 24 intervals between the bars when measured on the fixed rails. It is 24 light seconds. The lengths of the two halves of the car are equal, and are 12 bars each.

5. The speed of the car (for definiteness) is equal to 0.5 the speed of light.

6. Front of any of the light pulse can be observed in the frame of the rails, and in the frame of the car. It would always be visible by all observers (recording devices) in one place of space, which is, on one vertical line and at one point of the line.

Assume that the clock in a moving car, are slower than the clock of the rails in k times. Let be recorded the car clock t1.1g at some point of the car Cg and the clock of rails t0.1g1 at the rail point Rg1, which is located beneath the point of Cg at that time. After a while, the train would move on rails. Again were recorded the car clock t1.2g at the same car point Cg, that is, that same car clock, and the rails clock t0.2g2, at Rg2, which is under this point. Then we can assume that

$$(t0.2g2 - t0.1g1) = k (t1.2g - t1.1g).$$

Then we get for v about, e.g. 0.5c.

For a pulse of light moving forward. The pulse started over the crossbar P12 on the rails. At this time, there was the point P1c of the car. The front wall of the car was over the crossbar P24. Pulse would reach the front of the car when it would be over the crossbar P36. That is, the front of the car moved forward for 12 bars. I recall that a pulse of light during this time had moved forward for 24 bars. Let the clock in front of the car changed their reading and it is t1f. That is t1f is the time interval by the clock of the car, which took place from the start of the pulse at P12 at the center of the car, until the pulse reached the front of the car at the bar P36. The rails clock on the bar P36, show time interval t0f that is more than it was at the bar P24 (at pulse start, on rails, all the clocks showed 0), when there was the front wall of the car. In this case, it should be t0f = k t1f.

Pulse of light, moving back, would meet at the back of the car at the crossbar P4. That is, the back wall would go forward for 4 bars, from P0 to P4. On the rails, it would be an interval t0b. As the rails clock t0b = k t1b, then t0b < t0f.

Ilya Kogan

The consequence is, that the relationship t1f > t1b is preserved in the car, when all the quantities measured by the car clock. It does not depend on the magnitude of the coefficient k, whose value remains constant, if is not changed the speed.

Thus:

- If at the center of the interval of the motionless coordinate system, light pulses are sent by the transmitter, located on the motionless system, in the direction of the endpoints.

- If at the time of sending pulses are coincide center and ends of intervals of a motionless system, and system moving relative to it with a constant velocity.

Then the arrival of pulses to the ends in the motionless system clock would be simultaneous in the motionless system. **In the moving system, impulses coming to its ends would not be the same by the clock of motionless system, and by the clock of moving system.**

The latter allows replacing two lightning, at the ends of the interval used by Einstein, with one flash in the center. This eliminates the problem of obtaining simultaneous lightning. At the same time, it does not require the definition of Einstein's simultaneity of events. **Why it is needed, because the simultaneity definition introduced by Einstein is based on** simultaneity of two pulses. This pulses simultaneity had no definition. It was derived after their creation, and was based on their simultaneity. It means that Einstein defined simultaneity on undefined simultaneity.

Below is done one more discussion, this time not for the walls of the car, but for the light pulses. The pulses start on the rails at the center of the car (bar number 12) and move to the front wall. According to the rail clock, it moves 24 seconds to the bar number 36. Assume that the front of the pulse has a clock that goes at the speed of the car clocks and this clock at the start of the pulse indicates the time 0. The pulse clock would show a different time (not 24), if the rate of flow of time in the car differs from the rate of flow of time on the rails. This time would be proportional to the length of the interval covered by the front of the pulse along the rails.

Since the intervals passed by pulses, which move to the front and rear are different, the above inequality persist. However, see Section 15.

5.2.4. The measurements were made on the train by train clock; are used Lorentz transformation

....
....

5.2.5. Relationships in the car system for the pulse emitted in the car

In this experiment, the arguments are based on the statement underlying the Special Theory of Relativity.

According to the *fundamental hypothesis* **(FH) RT of the Special Relativity Theory, inside the moving car must be received the same measurement result, as in a motionless car, because the speed of light in a moving car is the same in all directions, and time at which the light beam passes the same distance in any direction is equal.**

The car moves to the right along motionless rails with a constant speed. There are screened all the details of the rails R0 that is impossible to see the rails from the car. The car, in general, does not know of its movement. It is visible only the front of the light pulse which is emitted in the car and travels along the car.

From the center of the car to its ends are the same distances. According to the FH of RT, the speed of light in all directions is also the same. Consequently, by the car clock, time intervals t1f and t1b, for which the light pulses reach the car walls are the same, that is **t1f = t1b.** This conclusion contradicts the results of previous experiments carried out in sections 5.2.3 and 5.2.4, where **t1f> t1b.**

It would seem that we are considering two conflicting situations. In sections 5.2.3 and 5.2.4 was under consideration light pulse emitted by the rails, however in Section 5.2.5 is a pulse emitted in the car.

According to the RT, this should not make a difference. **From the RT velocity addition formula it follows that the beam emitted in the car, would move along the rails with the speed of light.** Thus, the fronts of both pulses are in any moment at the same point, as it is seen from the car and from the rails. Thus:

- If two pulses are launched simultaneously, the first from a source on the motionless rails, the second from a source in a moving car.

- If they started from a single point (on the same vertical line).

Then the fronts of these pulses would reside at one point (on the same vertical lines).

5.3. The theorem about the fundamental hypothesis of the Relativity Theory

In the arguments carried out in sections 5.2.2, 5.2.3, 5.2.4 we get a contradiction with the results of section 5.2.5, which proves the following statement,

Theorem. *The fundamental hypothesis of the Special Relativity Theory is wrong.* {11}

The theorem has been obtained, primarily due to the following:

- Replacement of two simultaneous lightning, which are used by Einstein, with a single pulse in the center of the car.

- Usage together the results of the RT velocities addition formula and the Lorentz transformations.

I will repeat. Because the simultaneity definition introduced by Einstein is based on simultaneity of two pulses. This pulses simultaneity had no definition, because it came after their creation, and was based on their simultaneity. This is a contradiction.

The following sections, held speculative experiments that suggest the theorem, and may clarify the situation.

……………………………………………..
……………………………………………..

16. CONCLUSION

General Provisions

1. The paper presents the arguments that it cannot exist more than three-dimensional space. For

example, Minkowski space is a convenient model for the consideration of processes in time.

2. It is formulated a consequence of Gödel's theorem that mathematics allows the possibility of building an unlimited number of models for usage to describe Nature. From these models, preference should be given to those, which are in agreement with the experimental results.

3. If are in force the conservation laws, the space and time are eternal. Scattered in the space energy (matter), is indestructible and eternal.

4. Photon, like any macroscopic material body has a mass. As a result, it receives the speed of the emitter. The same as with any body in a moving system.

**The causes of the phenomena
and their foundation**

5. It is shown that the relativity of simultaneity implies the finiteness of the speed of light {2}. The latter follows from the conservation laws {3}.

6. It is grounded the statement that the Fizeau experiment is not related to correctness of the RT formula of velocities addition (see {4}). This implies the possible existence and creation, the conditions for changing the speed of light in vacuum.

Ilya Kogan

The provisions of the Relativity Theory

7. The RT formula of velocity addition leads to inconsistencies when comparing the movement of a material bodies and a light pulse.

8. The ability for arbitrary selection of a fixed coordinates system between two systems that move relative to each other, leads to contradictions.

9. The constancy of the speed of light in any direction in any inertial system, leads to contradictions.

10. The analysis, of the introduced speculative experiments, supports the existence of absolute space and absolute velocity.

11. There exists a fixed coordinate system. This allows constructing an absolute path of the motion of bodies in this system. This does not mean that we can fix a point in the absolute space.

17. NOTES

1. The book contains text in two languages, English and Russian. This is done for the following reasons.

I retired in 1999. Since then, I almost do not speak English. Naturally, this is reflected in the possession of language. When I write in Russian, I have no problem choosing the necessary words. I need to pay attention only to the semantic content of the text. It turned out that for me it is easier and faster to write the text in Russian and then translate it into English. It does not give high quality of the English text, but it is better than the text written by me in English. So I told by people who speak English perfectly.

Secondly, the topic is serious and with a claim. There may be some inaccuracies of translation. In this case, it is possible to compare with the original text.

Sometimes, it is used the "*" as the multiplication sign and the sign "^" as an exponent.

2. On pages 29 - 31 of the book "Relativity, the Special and General Theory", Albert Einstein, Three Rivers Press, NY, Einstein holds a speculative experiment. In it, a long train moves along the fixed rails and is written (page 31): "Now before the advent of the theory of relativity it had always tacitly been assumed in physics that the statement of time had an absolute significance, *i.e.* that it is independent of the state of motion of the body of reference. But we have just seen that this assumption is incompatible with the most natural definition of simultaneity; if we discard this assumption, then the conflict between the laws of the propagation of light *in vacuo* and the principle of relativity (developed in Section 7) disappears."

Ilya Kogan

As is shown in the experiment "The cause of the relative simultaneity of events" Section 5.1, the simultaneity of events follows the finiteness of the speed of light. The first who estimated the speed of light was Olaf Roemer in 1676. This is more than 200 years before the RT. The quotation from the Einstein can be understood as a statement that no one, since the advent of scientific evidence that light moves at finite speed, connected it with the relativity of simultaneity. I stress that this (the relativity of simultaneity) is true, as shown by the experiment of section 5.1, in the stationary coordinate system as well. That is, it has nothing to do with the RT.

3. One of the first, who formulated the law of conservation of matter, is the Greek philosopher Empedocles (V century BC): "Nothing can come from nothing, and can in no way is, that there is, be destroyed."

Later, the same argument expressed Democritus, Aristotle and Epicurus (in a paraphrase of Lucretius). Medieval scientists also did not express any doubt of the truth of this law. In 1630, Rey Jean (Jean Rey, 1583-1645), a Doctor of Perigord, wrote to Mersenne: "The weight is so closely tied to the elements' material that, turning from one to another, they always retain the same weight" (this was taken from Wikipedia).

All this is on an intuitive level, to this day. However, an alternative to the law of conservation of matter (energy) is only one – the omnipotent, the omniscient, the omnipresent and the all-seeing God. No matter how much is the deviation from the conservation laws is allowed. This may be a negligible time in very small volume for the tunnel effect. This may be a huge Maltivers. This may be a fairy tale. There is the only alternative to the comprehensive conservation laws, the omnipotent, the omniscient, the omnipresent and the all-seeing God.

4. Albert Einstein interpreted the results of the Fizeau experiment, that it is contrary to the velocity addition formula of Newton and confirms the relativistic velocity addition formula. It is possible to interpret this result as having no relationship to both formulas. Rejecting the word ether, and replacing it with the word vacuum with certain properties (that is, a medium with a different name), it was rejected the existence of the ether wind. However, the "water wind" in the Fizeau experiment is allowed.

The Fizeau experimental conditions could be interpreted as follows:

The presence of water in space (vacuum) changes some of its (vacuum) properties such as permittivity and permeability. This affects the speed of light in the vacuum. That is, the light propagates in a medium with a different speed, because, due to the presence of water, the environment has other

126

properties. At this point of view, we should speak about the speed of light in vacuum in the presence of water.

In other words, the speed of light has nothing to do with the speed of water. Interestingly, the same people who believe in their interpretation of the Fizeau experiment are using the "water wind". However, they reject the idea of influence the ether or air wind on the speed of light

The above point of view favors the variability of light velocity in vacuum, and the possibility to modify it by influencing on the vacuum - the medium of propagation.

This explains the possibility of expanding the universe at its early stage faster than the speed of light in the today's vacuum. In the high-pressure and high-temperature plasma, the vacuum properties (permittivity and permeability) may be different. For example, the speed of light, in some circumstances, may be ten million times greater than the speed of light in existing conditions. This can caused by a huge density of matter and enormous pressure. Motion with a velocity of 1000 times greater than the speed of light in today's conditions, but in 10,000 times lower than the speed limit in those specific circumstances, would be admissible. Let me remind that this is a space in which a moment before was the Big Bang.

5. In the past probably I have, to some extent, knew the subject, as all the scores were excellent, but ... this has been for many decades, and a lot became much different. In those years, I stood on one hand on the railing of the balcony more confident than now do standing on two feet on the floor. Unfortunately, there were only pictures. They are few, since in the dormitory in those years a camera was a rarity.

6. With the advent of the Internet, I began to write my ideas on the site **speculations.us**, where they can be read.

7. The teachers listened to my questions with irritation.

I could not understand why in the world are dominated events, which increase disorder, i.e., increasing entropy. Indeed, the only truly ubiquitous force is the force of gravity. However, this force creates order.

I protested against the RT formula of addition of velocities. It, in my examples, created contradictions.

The system that combines the Lorentz transformations with the fundamental provisions of the RT, introduced by Einstein, seemed contradictory.

And so on and so forth.

The first and only documentary evidence that I have expressed these ideas long before the presentation at the Internet, I got in 1967. One of the journals returned my note with the denial of publication. The manuscript was returned with the journal stamp and with the date. The resolution of that physical academic journal was as follows; the magazine sees no urgency to publish the material and offers to send it to another journal.

8. Professor of Physics, Pribluda formulated theme as "Dimensionless number 137." He gave me a list of references, but even in the library with obligatory printed copy, any item from the list did not exist. After a while, the professor Pribluda was transferred to the assistant professor and then disappeared. It was spoken that in the past he was a Rabbi and have never graduated as a physicists. However, his lectures were distinguished by clarity and completeness of presentation.

9. Apparently, it seems that there are difficulties in obtaining two simultaneous lightning. For this reason, I decided to replace them with one central flash. In this case, the simultaneous arrival of light to the ends of the car is determined by the clocks. That is, the observer is not required.

Later I found out that Landau also uses one central flash in order to explain the lack of simultaneity of events. From this, I concluded that

Landau had doubts in the definition of simultaneity of events, which is formulated by Albert Einstein. The reasons, why Landau did not write this, are obvious.

When seeing the photo "the tongue of Einstein," it occurred to me that Einstein himself noticed this. It was too late to retreat, and he showed to all the tongue.

10. The need for special (non-Euclidean) coordinate system for General Relativity Theory, Einstein explained by an example of a rotating disk, where the geometry changes. The geometry changes are explained by known provisions of the Special Relativity Theory. In this case, changing of the geometry, according to Einstein, is not apparent, but real. Consequently, the transfer of the coordinate system origin is not irrelevant in the case under discussion. However, in this case, the motion is not uniform and not straight, that is the statement of change in geometry requires further study, in addition to the provisions of the Special Theory of Relativity.

I want to stress that the mathematical apparatus, built on the axioms imposed, cannot provide additional justification. This is true even if the mathematical model, built above the axioms, gives results that coincide with the experiment. Einstein confirms this. For example, about the Lorentz transformation, he said, "Of course this is not surprising, since the equations of Lorentz transformations were derived conformably to this point of view." i.e., obtaining x = C x t. See page 39 of the book Albert Einstein "Relativity, the Special and General Theory", Three Rivers Press, NY. Apparently, one can derive the coordinate transformation under the assumption of faithfulness of other hypotheses.

11. It does not reject completely the mathematical model of the RT, which explains so many phenomena. For example, caloric or phlogiston disappeared, but the model of heat transfer is preserved. E.g., almost the same model, with the formulas obtained without the use of SRT principle of relativity, is presented in the book "Relativity and Common Sense, a New approach to Einstein" by Herman Bondy, published and republished from 1964 to present time. Details how this could happen see in my remark "Ridiculous to the Point of Absurdity" on the site http://speculations.us/InIndex/Physics/Ridiculous.htm

12. The literature describes memories of Albert Einstein, as he wanted to see a ray of light, which travels next to the car, moving at light speed. It turned out that under the ruling mathematical model that is impossible. That is, it is assumed that the mathematical model is primary and the Nature is secondary.

It is stated that the ray fronts started simultaneously nearby in the train and on the rails would be fixed at all the time together. For the shells it is not so. They would be moving from each other at high speed.

The shell moving in a car in the direction opposite the car movement at exactly the same speed as the car, would still hang over the rails. This is according to the RT model. However, according to the same model, with the slightest inequality of velocities, it goes with a big speed from the place.

13. The reader may be interested in technology of creation of such experimental systems. To do this, I send to the works of Einstein and other authors who for decades have used similar systems.

14. The RT states that there is a length decreasing in the direction of movement for a moving object. This refers to the object, which has been adopted (arbitrary) as moving. At the same time it is stated that a twin would come back from a trip being younger relative (taken arbitrarily) his counterpart. Such arbitrariness cannot satisfy serious authors. They are trying to find a solution.

For example, in one of the most serious books on physics, "Theory of Fields" by Landau and Lifshitz, on page 23 we read that it would always be lagging behind those clocks, which are compared with different clocks in another frame of reference."

Suppose the train is going right, meets with a train moving to the left, and shares with it the time? - Everything would happen in the opposite. The above reference does not explain the situation.

15. In physics sometimes are introduced such absurd restrictions. For example, to avoid the paradoxes of time travel it is supposed existence of a ban on killing the travelers' parents. However, this does not resolve the paradoxes. It requires a ban on the killing of any parent. Thus, to avoid the obvious absurdities it must be assumed that there is a system or a creature that knows everything and controls everything. It does not matter that the authors do not mention it explicitly; the meaning of such prohibitions is the same.

16. The constancy of the gyroscope direction is a consequence of the first Newton law. This, in turn, follows from the conservation laws.

17. Justification for the existence of infinite space, with scattered local universes is given in "Model of the Universe».

18. The current hypothesis about the uniqueness of our universe is not consistent with the conservation laws. Refusal of conservation laws is equivalent to the admissibility of the existence of the omnipotent forces, such as God.

19. So many times, I have been discussing, or rather, tried to discuss this example. This was the case with the use of trains and wagons or a line of dashes. Students agreed with me. It was apparently for goodwill. Teachers repeated in different versions something of following. In your arguments seems there is an error. The subject was analyzed repeatedly for a long time by distinguished scientists. Read this book, there you would find many examples, and then we would continue talking.

Besides studying, I worked, and time was short. In 1950 ended the introductory courses such as mathematics, physics, etc. There started special courses, like theoretical radios or radio wave propagation. In addition, there were other interests, such as participation in assembling of an amateur television station.

Ilya Kogan

PART 4

14. MY ROAD INTO DIAGNOSTICS

I put this topic because, in addition, I want to note that there are ways of life that are different from the American ones. Not all had a miserable childhood, like many Americans, and that allow forgiving any offense.

The greatest inequality of citizens is in the socialist countries. However, in the U.S. there are problems with inequality. This country not entirely successfully fights, e.g., the following,

1. Still there is not enough Deluxe (at least to me, in the Soviet Union very rarely happened to live in such hotels) rooms in hotels located in the best areas of the cities. The numbers of homeless people that need to use these hotels increase. I understand those, who are fully provided by taxpayers (working fools) without access to similar conditions of life, do not intend to find a work.

2. Still is not enough money to pay for full medical care to those who had never worked. However, for me, and the millions who pay for it, such medical care is not

136

available. Gyms with a set of expensive treatments and free food are not available for us as well.

Etc., etc.

In 1986, it was a strike in Italy under the slogan "We want to be given meat once a week!" These fools did not understand what they demanded. They heard from temporarily living there former Soviet citizens that the meat was given once a week. They did not know what that "giving" is meant:

- We had at 6 am to take place in a line at the shop.

- If by 10 am was brought the meat, however, it does not happen every week, then at 2 pm, if it is not going to end, you buy it. There was a limit, how much one person can buy.

- Meat (or rather dirty bones) such disgusting quality in Italy never was sold. In the markets, especially for the "Soviet" they started to sell at a low price meat, which, before we arrived, no one was buying. We thought it; for us it was wonderful.

Yet, a year after my arrival in the United States I was going to work in good clothes. In 1987 in the New York subway panhandlers walked constantly and demanded exactly clamoring for help. One young, healthy, big fellow started loudly demand that I so well dressed and do not give him money. People looked at me critically. I said loudly that I am less than a year in the United States and arrived at 58 with almost no knowledge of the language. If he with good English had made so much attempts for search and preparation for job, he would be richer than Trump. The passengers were clearly not on his side.

The word rich is comparative. I with my wife in the USSR had income above 3 times higher than average. Scientists had high salaries. However, the standard of living of Americans receiving welfare was unavailable for us.

My father died in 1934. My mother, brother and I lived in a small basement room in the town of Nikolaev. The elder brother was a student in Kiev. Mother left for work very early, when we still slept. She returned late in the evening very tired. My brother took me to the kindergarten. Or rather, he showed me the way and we told mother that he takes me there. All needed to do at home he left for me: cleaning, making fire in the winter, and even preparing meals. However, I was proud with my brother and adored him. He was the captain of the street football team and an excellent fighter. He was a champion in chess and swimming among teenagers in our town. I was the only one of younger brothers who was admitted into their "adult' company. Sometimes, I was trusted to be a goalkeeper and participated in their chess tournaments. The football was made from an old sock filled with dry grass. Chess figures were made from old spools and pieces of wood, and the chessboard was drawn on an old newspaper. These poor American children do not realize that one can play with a fake ball and without special shoes, how "poor"!

The readers can understand how I like the speeches of American lawyers, when they support criminals saying that those criminals should not be punished due to their unhappy childhood. In my case, many lived in the same conditions as I did.

There was lack of everything, but no starvation. Even "golodomor" (intentional starvation in the Ukraine in the 1930-s) did not affect cities. It was done by communists to kill the country population. Army prevented them to leave their villages. Nevertheless, there were also some good aspects in my life. The owner of our house was Maria Lvovna Delacourt. They said that she was a beauty in her young age and that the house was a present from the city mayor before revolution. In the same house lived: Dina Yakovlevna Zaslavskaya whose children lived in the USA, a historian Vladimir Vyacheslavovich with his wife – aunt Dusya, an engineer Anton Yakovlevich with his wife, Sofia Solomonovna. She always prescribed me very tasty medicines. I was the only child there.

In Nikolaev also lived my aunt with her husband, Uncle Serezha. They did not have children. Uncle Serezha gave me many presents: beautiful construction sets and different sets of tools. He gave

QUANTUM COMPUTER IS A MIRACLE

me books and subscribed me to various magazines
such as "Clever Hands". He never brought cheap,
"useless" toys. Anton Yakovlevich helped me to use
instruments, and if I had difficulties to understand
books, then was Vladimir Vyacheslavovich.

I always disassembled our sewing machine
and wall clock. Finally, I had no extra parts left after
reassembly. The clock still did not work accurately
until A.Y. explained that it depends on the pendulum
length. In addition, I made and repaired everything
for everybody. Everybody was happy except for M.L.
Together with her grandson Misha (he came for
summer); we dressed as Indians and hunted for her
hens. In summer, my food was mulberry and I spent
all day in the tree. There was an unpleasant duty to
gather in the streets horse and cow manure. It was
mixed with crushed coal and dried into balls that
were used in winter as fuel.

Still, I had many advantages compared with
other children of my age. There was a garden, which
was full with lilac and other flowers in spring. Three
big mulberry trees fed us for two months. I got some
fruit from apricot and apple trees as well. In addition,
an elm-tree with three trunks, with branches as
flexible as ropes and a huge thick crown. The elm
housed our tree huts, Indian closes, and bows. There I
bound my 10-year old brother with sophisticated
knots and went into our room. I closed doors and
windows and made a chess move. I ran to say him my
move, but first I checked whether he is still bound. I

always lost and could not understand how he could so fast unbind himself, come down to look at the board, and then return up to the tree.

My brothers refused to read the caddish, the prayer for the soul of our father. What would they say in the school?! Therefore, I did this, and the rabbi told me different stories. E.g., he told that God promised to the Tsar 120 years of life. The Tsar decided to double this lifetime by staying awake at night. Then God came to him at 60 and told that his time ran out. I started to argue that if one does not sleep he could not live even 60 years, and God came too late anyway. This made me think what happens if the head becomes overloaded. A.Y. bout a new radio, a SI-235 model. When I saw it, I decided that all the issues of extra memory in small boxes to store the events and their connection to your head are already solved. The problem was how to fit them to the back of your head.

I had a booklet that described how to make an electric motor and a dynamo. It was possible to make two or four coils. I decided to make a dynamo with four coils, which would rotate two motors with two coils, and so on. We had no electricity because it was too expensive. I was sure that I found a solution, but the first dynamo could not rotate two motors. A.Y. told that the friction is to blame, and that ball bearings are needed. He was a mechanical engineer. Many years later, I find out that I tried to make a perpetual mobile.

Entering school, I already learned the program with my brother for the first four years. He was doing all his homework with me, arithmetic, poems, geography, and everything else.

A schoolteacher found out that I am good in solving problems, and he started to give me some problems, from a special book. There was one problem about a Greek army, which required 18 steps (questions) to solve it. I have got a different result from that in the book, and proved that my solution is correct. After analyzing the problem, the teacher explained that we both are right. It was the first time that I met an ambiguous problem.

I was even more surprised later when, strictly following the instructions, I got wrong tuning for my milling machine. The engineers could not help me. This was in 1943 when I worked in a textile plant in Ferghana, Uzbekistan. The schedule was one week from 7 am until 7 pm, the next week from 7 pm to 7 am, without holidays. 30 minute break for food, but there was hardly any food. Like me, most of the turners and other workers were just boys, or rather children. The textile equipment was imported and was used different metric system. However, I found a solution to make good gears instead of defective product.

Ilya Kogan

We lived in the little town at the textile factory. The village was consisted mostly of baraks. Barak, a long shed, which had approximately 15 small rooms. Each room had a door to the street. Before Barak was running water and a toilet. In this messy toilet was often a line. Most used buckets, which stood in their room. To us it was impossible. In our room lived an adult girl with her mother. They have survived the Leningrad blockade and from a large family only two of them survived. The rest died of starvation. They talked about life in the blockade. Back in the room was a woman from Odessa and I with my mother.

There were other troubles. I am rooting for tropical malaria. However, had to go to work. On the way, there were little anti-Semites. They make fun of biting a "little dirty Jew", for example, split my nose.

In 1944, we returned to Nikolaev. I went to an Evening School. This was the wish of my brother in his last letter from the front. He promised to send his officer's certificate, instead arrived "death notices" and his orders. He was 19 years old. The elder brother died in 1943 at Stalingrad. His family was killed in Baby Yar.

I went not to the fifth grade as required my education, but to the eighth according to my age. Next to the tired adults, without textbooks and even without notebooks, I with my young memory was perfect. However, when I finished the school, I was not given a Gold Medal. Who would give a Gold Medal to a Kogan (a Jew)! The school director told that he was ordered to change in my file some "excellent" grades to "good" ones.

It was even more interesting in college. They lectured that the disorder, or entropy, continuously increases in the world. I started proving to the professor that the fundamental and omnipotent force in the nature is gravity and it facilitates the order. The professors avoided the discussion and sent me to read some books. These special books caused more questions instead of answers. I still cannot find the answers to those questions.

On the other hand, there was never enough time, and never enough money for living. From March 1950 until April 1951, I had also to work and to look after my mother who was paralyzed after a stroke. The college was in Odessa and my mother was in Nikolaev. She was in the same basement without water, heating, electric light, and so on. She needed help to eat and to do the rest. She could not even turn. When I had to leave to Odessa for a couple of days to do my laboratory works or tests, a neighbor helped her. Mother died in 1951.

I was lucky with my job assignment after the college. I was sent to a powerful underground radio transmitter under construction. It was an unusual place. There were even regenerators of atmosphere in case it cannot be filtered from toxic chemicals. A simple door there was 5 by 3 meters in size. The outer door was very thick and from special steel. The inner door was a common one, but when they closed, water was pumped between, with pressure of 10 atmospheres. However, the main thing was the special equipment. It did not want to work in our building because of the metal screen. There was a constant spurious oscillation.

Instead of being bored, while our equipment was under construction, I went to work as an assembler. Then I tuned the equipment with the best specialists of the country. There was needed to solve a problem of testing the complex relay structures. Security and the order of work were controlled by relay systems. These systems consisted of hundred relays with open contacts, which kept failing. It was supposed that the failed contact could be found by testing the suspected ones. I designed an effective test system for this purpose. It was in 1953.

My father-in-law wanted us back to Nikolaev. On April 16, 1956, the serfdom was abolished in the Soviet Union. Now, one could leave his job if one wished. On April 17, I gave my notice about leaving the job. In Nikolaev, as in other cities where I sent about a hundred letters, there was no job for me. I want to remind that I was a highly qualified specialist in electronics, and at that time in the Soviet Union was a great shortage of this specialty. Several times, I found a temporary job as a carpenter. I had an official qualification as modeler of sixth grade (the highest one), joiner and carpenter of the fifth grade. I went to Moscow, and in the corridor of one ministry, I met an Armenian. He was a Science Deputy Director in a research institute "NIIAvtomatika" in Kirovakan, Armenia. He invited me there.

Already in 1957, I organized a laboratory of simulation with analog computers for control systems of chemical plants. The work was interesting and fascinating; however, to some people it seemed strange. The control systems for chemical plants include electromechanical devices and computational part. In the "NIIAvtomatika" responsible for electro mechanic devices was Kolosov, a Deputy Director. Once he told me: "If a clever man from 17th century appeared, I could explain to him what I am doing. But what about you … one day they might burn you?"

In the 1959, we received a digital computer. After analyzing it – mostly flip-flops with big bulbs, I decided to deal with software. I could not imagine that several hundred flip-flops is a wonderful logical system with some unexpected features. At last, the computer was ready, but my first program did not run. The computer performed 100 operations per second with fixed decimal point. It allowed do it one by one. The computer documentation stated, "The manufacturer guarantees correct work of the computer if the tests are run correctly" However, one shift operation in my program worked wrong. In the test, eleven shift operations checked the correctness of performing the shift. I find out that two shifts were enough for complete checking.

I immediately created a complete theory for computer test construction. This theory was completely rejected by Ter-Mikaelyan. He was the author of the first book (in Russian) on how to solve problems on computers. However, he recommended me to A. A. Lyapunov in the Institute of Applied Mathematics of the Academy of Sciences of the USSR.

Four times, I was invited and tried to enter a postgraduate school, but I was never given a chance. No, I did not fail my exams; they found some reason why I should not be allowed to take these exams. Those professors who invited me were so angry!

A strange, wonderful country was built by the CPSU. Just as in a joke. A man was summoned to the "competent office". He was asked how he could have such a high living standard without working. He told them: "During the German occupation I hid a Jew in my cellar. He gives me money". "What are you saying? The war ended more than forty years ago!"– "I have not told him yet."

The CPSU and its successors still keep the country and its people in the war conditions. The movies, books, new honored titles, the greatest meetings; parades and so on are dedicated to the War. Everything revolves around the war song "My friend, fill a glass as when we were in the battles". The problem is that today there is some dirty poison in the glass. As it was in my childhood in the 1930th, nowadays the country is surrounded by enemies. Only in 2006--2007 were added new enemies: Ukraine, Byelorussia, Georgia, and Estonia. Tremendously big country – an elephant is trembling so that it may fall to pieces. This is due to the danger from two ladybirds – Georgia and Estonia. People repeat that they ready to bear everything, if there would not be a war. However, the nomenclature (see "Nomenclature" by Vaslensky) does not forget about itself. In addition, hundreds of submarines and thousands of missiles are rusting. At the same time are under construction new ones …to rust later. Such a situation is possible for such a long time due to their mouthpiece – intelligentsia.

My report "Testing the Performance of Logical Devices" was presented in 1962 in Moscow at an international symposium. This report was heard in English (there was synchronized translation) by US Professor J. P. Roth. In 1964, he published his work on constructing test sequences (D-Cubes). The proceedings with my report were published in the USA in English. It is hard to imagine that J. P. Roth has not the volume with the reports of the symposium. This was before his first work on the diagnosis was sent to the journal for publication. However, there were no references to my publications. Prof. J. P. Roth made at the symposium a report "Pragmatic Theory of Algorithms" not related to diagnostics. It is interesting that my report was translated by a computer (in 1962-1963!). I was told by specialists that the translation was good (for

Ilya Kogan

example, by Ter-Mikaelyan who was born and educated in the USA).

The first dissertation for a scientific degree in technical diagnostics I prepared in 1962 [6]. In my dissertation, there was no obligatory section about the state of the problem in the Soviet Union and abroad. A special commission inquired this and why I have no references to other scientific publications on the subject. It was found that there are no such publications. I had references to mathematical logic and the set theory. My dissertation introduced terminology and classification. In particular, the tests were distinguished as checking and diagnostic tests, or tests for single and multiple faults. I designed algorithms and programs for test construction. I estimated the test length and the number of steps for the algorithms. This was supported by eight theorems. For some cases, I found the minimal test length.

The tests were designed not for the circuit, but for a logical formula. For this purpose, I designed formulas equivalent to the schemas (**FES**). To every point of the circuit in its FES, there was a corresponding letter, or a sub formula in parentheses. This gave the possibility to have one-to-one correspondence of the constant faults between circuit and FES. In addition, this made possible to represent large formulas (even the entire computer) as a hierarchical system of FES. Further, I developed a hierarchical representation of algorithms (**HRA**) that allowed increasing the productivity of writing and debugging software. It was published, however, it were no possibilities to implement this in the Soviet Union, especially for a "refusenik". I tried to continue this in the Citibank, but I was not lucky. The administration did not want to make software design dependent on one person. At that time, the object-oriented programming appeared with libraries of classes and Microsoft OS. The latter were more user-friendly. However, it did not have all the possibilities of the HRA. In addition, difficult times for the Citibank came in 1990. Many departments, including our Advanced Technology, were closed. I believe that I have at home the only copy of my Citibank reports related to HRA. Then, looking for a job became my main trouble.

I created and published in the journal "Automation and Remote Control" (1965, the magazine was republished in English in the U.S.) a small circuit in which was not working J. P. Roth algorithm. That is, it does not allow constructing a test for a single fault in a simple scheme. My algorithm (and program, 1962) given in the dissertation allowed to construct a test for multiple faults.

In 1966, I proved that it is impossible to create tests for arbitrary logical formulas (schemes or programs) without complete search of all the input sequences. I offered to design devices with testability.

150

Ilya Kogan

Related to this subject, I got several patents. For some types, I introduced design algorithms. This was initially rejected by other scientists. Even in the early 1970-s, in a discussion at the international conference in Leningrad, a group of French and American scientists in technical diagnostic stated that they could do this for any device. I was told that my algorithms are bad. I offered an example of a scheme where for a single fault it was necessary to search all the possible input sequences. This showed impossibility of a more efficient algorithm and finished the discussion. In my dissertation for Doctor of Science degree, "Synthesis of effectively checked discrete devices," the theory and algorithms were designed for the devices with memory.

This dissertation was prepared and submitted in 1971. However, the Scientific Councils rejected it. The reasons were different and very strange. At last, in 1978 it became possible in the Institute of Cybernetics of the Ukrainian Academy of Sciences. Everyone told me, that this is useless – it would be rejected. The next morning director of the institute, academician Glushkov, told, "What you have done with my Cybernetic Center? It is buzzing as a disturbed beehive. A Kogan from outside got 15:0 vote!"

I have to mention that at this time there were already thousands of scientists and scientific publications in the area of technical diagnostics. The brilliant specialists for tests design existed long ago before I started working with test theory. Even the Bible says, that after creating something new, God valued (i.e. diagnosed) with the all-seeing eye ("And God saw that it was good"). Since ancient time people have always checked (diagnosed) everything that they have created. Especially it was done in the repair.

In the USA, I could not continue my work in the technical diagnostics. I knew the opinion that everything needed for SDI would be designed. There is the only problem – the work of the control system. However, every place required the US citizenship. Someone told me directly that I should not hurry so much to fulfill the task given by KGB. I replied that he is an idiot and started searching for another job. After I got the right for a pension, I could do anything I want. However, by this time I became instead of a good specialist in some narrow science, a dilettante who knows nothing about everything. At 70, I retired and describe my memories.

15. CONCLUSION

In this work the conditions of possibility (it would be more accurate to say impossibility) to get a quantum computer, which solves tasks that require for conventional computers exponentially longer time. The number of operations in such tasks grows exponentially and no acceleration of conventional computers will help.

Introduced arguments in favor of the primacy of conservation laws. In this case, the possibility of existence of the omnipotent force (as God) may be excluded. It is omnipotent, all-knowing and all-seeing force, not a very powerful. Note that this does not prove, for example, the banality of religion.

As a result is excluded the possibility of the existence of abstract information. That is, information without its material (energy) media. In any communication between systems, there is information link. This is necessarily material (energy) link. This link is measurable and all the speeds in the system are finite.

The presence of any instant influence, recognizing the primacy of conservation laws, is the incorrect interpretation of experiments. In the case of denial of the conservation laws would inevitably be questioned any physical phenomenon. If SOMETHING exists outside of conservation laws, then this SOMETHING can do anything.

Experts say that a quantum computer can simultaneously interpret an exponential set of conditions. This assumption is based on different and possibly mutually exclusive principles.

I hope I have convinced the reader that **explanations of quantum computer based on hypotheses of Multiverse or other phenomena that are inconsistent with the conservation laws, unsustainable. That the alternative to the conservation laws is any fairy tale. However, any fiction as well, not just quantum computer based on its theoretical picture.**

Ilya Kogan

16. LITERATURE

1. David Deutsch, The Fabric of Reality, Allen lane the penguin press
1a. d. Deutsch structure of reality, translated from English by N.a. Zubchenko under the general editorship of academician of the RUSSIAN ACADEMY of SCIENCES V. A. Sadovnichy. RHD-Moscow-Izhevsk 2001

2. Vlatko Vedral, *Decoding Reality*, Oxford University Press "Life, the Universe, and Everything" . *Issue 14.03 (Wired)*. March 2006.

3. Seth Lloyd, Programming the Universe, Vintage

QUANTUM COMPUTER IS A MIRACLE

Ilya Kogan

КВАНТОВЫЙ КОМПЬЮТЕР
это иллюзорное
ЧУДО

ИЛЬЯ КОГАН

QUANTUM COMPUTER IS A MIRACLE

ОГЛАВЛЕНИЕ

Ilya Kogan

1. ПРЕДИСЛОВИЕ

Некоторые места в предыдущей редакции требуют пояснения. Работа написана в предположении, что читатель воспринимает мир, как объективно существующий. То есть Луна существует и в том случае, если мышь на нее не смотрит. Законы сохранения абсолютны, например, энергия (материя) не могут возникнуть из ничего и не могут исчезнуть или превращены в ничто. Пояснение этих положений вызвало появление этой редакции.

Примерно в 2005 году, я случайно встретился со специалистом и попросил его рассказать, как может квантовый компьютер помочь в нахождении ключа в RSA. До разговора с ним я уже убедился, что теоретические основы алгоритма Шора заведомо правильные. Я был уверен, что эксперимент с квантовым компьютером, который имеет регистр порядка 20 разрядов, заведомо покажет работоспособность и компьютера и алгоритма. Мне показалось, что при регистре в 1000 разрядов положение изменится.

Специалист говорил со мной с высокомерием грамотного человека, вынужденного разъяснять очевидные истины. Мне не удалось ему объяснить, что он проповедует веру во всемогущего, всезнающего и всевидящего Бога или во всемогущую идею. Последнее. Как показала жизнь это гораздо хуже. Самая ортодоксальная религия это коммунизм. Коммунисты (и им подобные), отрицают существование всемогущего, всезнающего и всевидящего Бога. Они верят в свою идею. Те, кого они называют тупыми верующими, не тупые, а в отличие от них, честные. Они верят в существование Бога и в возможные следствия из этого. Он, конечно, отрицал свою ортодоксальную религиозность.

Физики, они разные, и верующие, и атеисты и коммунисты. Они, например, уверены, что создают «Теорию Всего». Не общую теорию физики, а именно теорию всего! Не знаю, будут ли в этом труде ответы (точные и строгие) на все вопросы. Например, что произойдет (и как это сделать) если нажать клавишу пианино в 10 в степени 1000000 плюс седьмой вселенной во время исполнения произведения пианистом в нашей вселенной. Как подглядывая в ящик с котом Шредингера оживить кота в упомянутой вселенной. Или оживить кого угодно в нашей вселенной. Но до этой фразы физик не дочитает. Очевидно, что это чушь.

Однако физики подобные вопросы игнорируют в работах своих коллег. Десятки мест, в которых нарушаются законы сохранения и основополагающие ограничения, введенные ими же, они игнорируют. Вместо того чтобы рекламировать эти противоречия, они их замалчивают.

Примеры?

Расширение вселенной в первое время со скоростью значительно превышающей скорость света, предельно возможную скорость в природе. Оба положения я узнал из физики.

В теории туннельных диодов допускается нарушение законов сохранения. Ведь остановка законов сохранения на мгновение не позволяет вернуться.

Впрочем «гадкий утенок» не умеющий откладывать яйца и пускать из глаз искры (то есть пешеход) не должен лезть не в свое дело.

Книга состоит из четырех частей.

В первую часть включены материалы о квантовом компьютере. Далее приведены дополнительные материалы, которые должны подтвердить часть первую.

Во второй части автор пытается подтвердить, что ожидания утверждаемые теорией квантового компьютера вряд ли совместимы с естествознанием. Теория квантового компьютера неявно требуют от физики включения в нее сверхъестественных возможностей.

В третьей части изложено мировоззрение автора и гипотезы, которые как полагает автор лежат в основе мироздания. Идеи, которые подтверждают точку зрения автора на работу квантового компьютера.

В четвертой части описано становление мировоззрения автора.

Однако вернемся к нашим квантовым компьютерам.

Со специалистом мы расстались. Он был убежден, что есть же такие тупые и непробиваемые. Я понял, что, если человек верит, а не думает, то его не переубедишь. Он попросту не желает обсуждать неудобные для него темы. Здесь есть сотни штампов типа, которые он использует: это уже (давно, неопровержимо, …)

доказано; это (совершенно, …) очевидно, это (каждому, всем, …) ясно.

Пишу я это не для того, чтобы утверждать свою правоту. Я надеюсь получить грамотную и ясную критику. Меня не устраивают выверты типа «как сказал Ленин, не следует верить авторитетам» (смотри у Китайгородского). Когда дело касается работы квантового компьютера, надеюсь можно избежать подобные утверждения. Тем более что и непререкаемые авторитеты могут менять свое мнение на противоположное. Так, например, случилось с возможностью течения времени в обратном направлении.

Таким образом, я, со свойственной мне самонадеянностью, жду критики. Пусть она будет перемешана с любой руганью, но должна быть конструктивная критика по существу проблемы.

Ilya Kogan

ЧАСТЬ 1

2. ВОПРОСЫ

1. Правильный ли алгоритм Шора?

Ответ: Алгоритм Шора правильный.

2. Правильно ли конструируется квантовый компьютер?

Ответ: Квантовый компьютер конструируется правильно. Имеется ввиду, что квантовый компьютер построен в полном соответствии с теорией. Имеется ввиду теория обосновывающая работу квантового компьютера.

3. Возможно ли разложить алгоритмом Шора число на множители?

Ответ: На существующих сегодня (2010 год) квантовых компьютерах возможно. В 2012 году сообщается о квантовых компьютерах с примерно ста разрядами. Однако еще нет (2014) сообщений об экспериментах с ними. В 2014 году уже появились публикации, в которых (косвенно) высказывается сомнение, что устройства, которые выдаются разработчиками как квантовые компьютеры не реализуют теоретические принципы, положенные в их основу.

4. Что подтверждает успешный (2010 год) эксперимент?

Ответ: Эксперимент подтверждает правильность работы вероятностного алгоритма. Например, пусть в урне имеется 100 шаров и один из них красный. Если перебирать шары по одному со скоростью миллиард шаров в секунду, то в доли секунды будет найден красный шар.

5. Что не учитывает эксперимент?

Ответ: Когда будет разлагаться на множители число из тысячи разрядов, условия изменятся. Скорость перебора шаров останется прежней, но в урне будет примерно 10 в тысячной степени шаров. Практически, красный шар никогда не будет найден.

6. С чем это связано?

Ответ: С неправильной трактовкой умозрительного эксперимента Шредингера. По-видимому, неправильно трактуется вероятностная модель микромира. Здесь смешаны: мистика, вера в Бога, нарушение законов сохранения и т.п.

Первое издание этой книги опубликовано в 2010 году. На интернете я доказывал, что это невозможно задолго до публикации. Против подобных «теорий» я выступаю со студенческих лет.

3. ОСНОВНЫЕ ПРИНЦИПЫ

3.1.   ВВОДНЫЕ ЗАМЕЧАНИЯ

Излагаемые в литературе физические основы работы квантового компьютера не всегда соответствуют общепринятым взглядам на мир. Впрочем, в сугубо специальной литературе нет общепринятого мнения.

Вопрос Эйнштейна о том существует ли Луна, когда на нее не смотрит мышь все еще не имеет строго однозначного ответа.

Не ясно абсолютны ли законы сохранения.

Этот раздел написан с целью уточнения позиций, положенных в основу обоснования точки зрения автора. Предполагается, что верна физическая точка зрения, то есть, что законы сохранения абсолютны и всеобъемлющи. Написал физическая точка зрения и испугался.

Однако, если отсутствуют законы сохранения возможно следующее.

1. Что угодно может быть создано из ничего и мгновенно.

2. Что угодно может быть уничтожено, то есть исчезнет без следа и мгновенно.

3. В любой точке пространства может находиться **ЧТО-ТО** способное на 1. и 2.

4. На любом отрезке может уместиться несчетное множество таких **ЧТО-ТО**. Математика допускает несчетное количество точек между любыми двумя точками на линии. То есть, это **ЧТО-ТО** существует вне времени и пространства. Оно обладает неограниченными (то есть бесконечными, выходящими за пределы счетных множеств) возможностями.

Следствием из этого будет все описанное в волшебных сказках и разного рода чудесах. На этом основаны и «серьезные» работы физиков, как например, мгновенное проявление результатов эксперимента под воздействием сознания; бесконечные струны в одиннадцатом измерении; путешествие во времени; и тому подобное.

Любые из этих **ЧТО-ТО** могут в любой момент и независимо создавать в любом уголке Вселенной (и даже вне Вселенной) свой мир с произвольными причудливыми законами. Они могут создавать новые вселенные, которые пересекаются. Впрочем, созданная ими вселенная, в которой мы существуем, может умещаться в безразмерной точке.

Здесь фантазии не имеют предела.

3.2. ТРЕБОВАНИЯ ЗАКОНОВ СОХРАНЕНИЯ

1. Ничто материальное (то есть энергия или материя) не может быть создано из безразмерной точки. Подчеркну, что имеется в виду не очень маленькая точка, а именно безразмерная точка.

2. Ничто материальное (то есть материя или энергия) не может исчезнуть, то есть превратиться в безразмерную точку. Напомню, что имеется в виду не очень маленькая, а именно безразмерная точка.

Из 1 и 2 следует, что если существует пространство, в котором существует во времени материя (энергия), то это пространство существует вечно. При этом пространство бесконечно и время бесконечно в обоих направлениях. Любое начало должно быть инициировано в какой-то момент времени. Иначе оно никогда не наступит. Не имеет значения, как трактуется или понимается то, что предшествует началу, но это эквивалент времени.

3. Процессы во Вселенной не могут иметь бесконечную скорость. То есть материя или энергия не могут двигаться с бесконечной скоростью. В частности свет должен иметь конечную скорость. **Это следует из законов сохранения.** Поскольку свет переносит энергию, то он обладает и массой. **Это следует из законов сохранения.** Согласно закону всемирного тяготения его траектория меняется в поле тяготения. Например, вблизи Солнца она должна изгибаться. Подчеркну, что **законы сохранения требуют существование соотношения между массой и энергией**, но не дают гениальную формулу А. Эйнштейна. Эта формула является не следствием, а результатом Теории Относительности. **Соотношение между массой и энергией это следствие законов сохранения.** Некоторые физики рассматривают существование энергетических черных дыр. Следовательно, они предполагают, что энергии присуща гравитация.

4. Если свет имеет конечную скорость, то кажущаяся наблюдателям одновременность событий относительна. **То есть относительность одновременности событий не связана с Теорией Относительности. Относительность одновременности событий это следствие законов сохранения.** Здесь не рассматривается вопрос о приоритете. Здесь рассматривается существо проблемы.

5. Поведение гироскопа и маятника Фуко являются следствиями первого закона Ньютона. Фактически фиксируется плоскость перпендикулярная оси вращения. Из первого закона Ньютона следует возможность фиксации абсолютного направления в пространстве, но практически это легче делать с помощью гироскопа. При этом **первый закон Ньютона является следствием законов сохранения**. Без воздействия сил тело должно сохранять постоянную траекторию. В изотропном трехмерном пространстве это будет прямая линия. Снова подчеркну, что вопрос о приоритете не рассматривается. Как следствие не обсуждается гениальность работ (открытий) Ньютона.

6. Отказ от эфира не является отказом от среды для распространения света. Вакуум, а тем более вакуум с определенными свойствами, также является средой. Изменение этих свойств изменит скорость света (предельную и конечную) в вакууме. Этим можно объяснить расширение вселенной в начальный период со скоростью света, которая больше определяемой свойствами вакуума в нашем окружении. Это позволяет надеяться, что возможно построить аппараты со скоростью движения превышающей скорость света в нашем вакууме.

7. В мире должны существовать причинно-следственные связи, и, в их последовательности,

последовательность событий абсолютна. Это значит, что для любого наблюдателя причина предшествует следствию. Пусть E1 (t1, s1) событие, t1 время наступления события и s1 точка в пространстве, где происходит событие. Событие E2 (t2, s2) не может быть причиной события E1, если (s1 – s2) > (t1 – t2) x W, где W максимально допустимая скорость в среде, где происходят эти события. Если будет обнаружено нарушение, то это значит, что существует физическое явление и его скорость (заведомо конечная) большая, чем W.

8. Если принята модель «Большого Взрыва», которая моделируется некоторыми уравнениями, то должны качественно существовать варианты решения Фридмана. В частности, на некотором этапе существования Вселенная должна расширяться. Удивительно здесь следующее: гений Фридмана нашедшего решения уравнений и отказ Эйнштейна в их признании. Следует отметить, что «Большой Взрыв» это не абсолютное начало, а явление для некоторой локальной вселенной, в некоторой части пространства бесконечной Вселенной.

И так далее.

3.3. О ПРОСТРАНСТВЕ

Открытая модель Вселенной существует вечно в пространстве и во времени. То есть, допускается существование времени в одном направлении бесконечно. В этом случае новая Вселенная, если она возникнет, появится в уже существующем пространстве. Как пространство новой вселенной будет сосуществовать (взаимодействовать) с существующими пространством и временем не детализируется. Вопрос просто игнорируется.

Предположение о существовании более трех измерений пространства вряд ли поможет. Анализ изометрии четырехмерного куба показывает, что любой трехмерный куб, некоторого трехмерного подпространства, будет иметь общее пространство с другими трехмерными кубами из других трехмерных подпространств. Другими словами, следует предположить, что в одном и том же пространстве находится много тел, много полей и т.д. Они пересекаются, проходят друг сквозь друга, и не влияют друг на друга. Они знают и отличают «своих» от «чужих».

Появление пятого и т.д. измерений лишь усугубит проблему. Это не случается с параллельными линиями или плоскостями, которые не имеют объема и массы. Читатель может убедиться в этом, анализируя изометрию трехмерного и четырехмерного кубов.

Снова следует вопрос: почему возникла вселенная и почему она единственная.

Напоминаю. Anything that is not forbidden is mandatory! T. H. White. Иными словами все, что не запрещено обязательно сбудется.

Для объяснения работы квантового компьютера рассматривается существование множества (бесконечного?) одновременно существующих вселенных. Или существует, необходимое в каждом случае, число измерений в пространстве. При этом эти пространства сосуществуют, обмениваются информацией и даже материальными телами, но не пересекаются. Авторами опускается вопрос о согласовании работы копий квантовых компьютеров в отдельных вселенных. Весьма важном и принципиальном вопросе.

Существуют аналогичные теории для объяснения различных феноменов. Например, для путешествий во времени.

Вопрос управления и обмена информацией авторами не рассматривается. По-видимому, это один из основных вопросов в данном случае.

3.4. ОБ ИНФОРМАЦИИ

В абстрактной Теории Информации информация изучается как абстрактное понятие, в основу которого положена единица информации – бит. Бит имеет два возможных значения, например, ДА и НЕТ. В природе эти значения представляются (закодированы) какими-то физическими величинами. Например, ДА может быть представлено пирамидами Хеопса или некоторым значением напряжения. НЕТ может быть закодировано горой Эверест или другим значением напряжения. Создатель (инженер) системы передачи информации выбирает удобный для него вариант. Без такого выбора система передачи информации не может быть создана. Сама передача информации невозможна без существования материального (или энергетического) носителя информации.

То есть при передаче сообщений пересылаются последовательности ДА и НЕТ. Это могут быть последовательности пирамид Хеопса и гор Эверест. Это могут быть последовательности импульсов. Решает инженер – конструктор.

Расчеты и законы работы системы передачи информации, проведенные по правилам абстрактной теории информации одинаковы, независимо от носителя, выбранного конструктором. Здесь безразлично это пирамида Хеопса или длина волны кванта света. Очевидно, что технология реализации систем будет существенно отличаться.

Существенным является то, что информация (то есть ее носители) взаимодействует с материальными телами. Следовательно, согласно законам сохранения в системе она материальна и имеет конечную скорость распространения. Это не имеет никакого отношения к цене или значению информации. Это не рассматривается теорией информации; это область теории игр. Как много раз в 1960 – 70 годы мне приходилось (без особого успеха) доказывать это.

Следует отметить, что понимание информации, как множества физических явлений, которыми закодированы некоторые явления или процессы, не согласуется с возможностью одновременного существования в регистре квантового компьютера всех возможных значений одновременно. Это не согласуется и с точкой зрения, что в микромире одновременно существуют все возможности, следующие из вероятностного описания процесса.

Сторонники точки зрения, что одновременно существуют все вероятные возможности, должны различать возможность такого явления и отражение этих явлений в двоичном информационном регистре. Когда я пишу это, я не указываю Богу, что он должен делать. Всемогущий, всезнающий и всевидящий может все. Но я сомневаюсь, что он будет исполнять любое мое желание. Мне захотелось играться с квантовым компьютером, и Всевышний к моим услугам. Он готов исполнять любое мое желание. Кому-то захотелось повторить опыт с котом Шредингера и к его услугам новые вселенные.

Скорость самолета имеет в математической модели вероятностное распределение. При этом вероятность любого конкретного значения скорости в любой момент равна нулю. Одновременно в любой момент времени скорость самолета имеет конкретное значение. Любой дискретный измеритель получит в своем регистре не бесконечный набор значений, а вполне конкретную величину скорости. Эта величина зависит от множества характеристик измерительного прибора. Однако в каждом двоичном разряде регистра будет ровно один бит информации.

При изложенном понимании информации неизбежен, при обмене информацией, обмен энергией или материей. Следовательно, подобные процессы имеют конечную скорость, по-видимому это скорость света в вакууме. Она будет ниже, если для кодирования ДА выбрана пирамида Хеопса.

В случае квантового компьютера требуемые скорости не в разы больше. Может быть необходима скорость 2 в степени 500 (или 1000, или 1000000) раз больше скорости света.

3.5. МИКРОМИР

В основу рассуждений настоящей книги положено предположение, что в Природе все явления в любой момент времени имеют определенные конкретные значения. Это относится к макромиру, где имеется строгая теория движения и состояния тел. Это относится к микромиру, где теория дает лишь границу величин параметров и вероятностное распределение этих величин. Это относится ко всем неизвестным, ненаблюдаемым явлениям и величинам, на точность измерений которых могут быть наложены ограничения.

Следует отметить, что любые измерения вносят возмущения в систему. При измерении скорости корабля радаром можно пренебречь влиянием луча радара на скорость или положение корабля. В микромире известные измерительные инструменты соизмеримы с объектом измерения. Измерения вносят изменения в систему, меняют ее параметры и их точность имеет ограничения. В результате система после измерений отлична от системы до измерений. При этом параметры и состояние системы после измерений могут быть неизвестны.

Из этого нельзя сделать определенный вывод, что в любой момент времени значения параметров системы не имеют вполне определенных значений.

Этот раздел написан, чтобы подчеркнуть, что изложенное справедливо и для микромира.

Повторю последнюю фразу предыдущего параграфа.

В случае квантового компьютера требуемые скорости не в разы больше. Может быть необходима скорость 2 в степени 500 (или 1000, или 1000000) раз больше скорости света.

Эта фраза, в первую очередь относится к элементам микромира в квантовом компьютере. Положение частиц микромира описывается вероятностными соотношением. Частица, якобы, находится сразу в целом (бесконечном) множестве точек пространства. Правильнее сказать, что частица может находиться в этом множестве точек пространства.

На точность измерения параметров микрочастицы наложены ограничения Гейзенберга.

В этой работе принцип неопределенности Гейзенберга понимается как ограничение возможности проведения измерений с любой заданной точностью. Полагается, что это является следствием соизмеримости измеряющего воздействия с измеряемой величиной.

Следствием Принципа неопределенности является ограниченная точность выполнения всех технологических операций. Последнее не приводит к недоразумениям при выполнении в нашей повседневной жизни аналоговых операций. Машина движется по выбранной полосе дороги. Ракета попадает (с допустимыми отклонениями) в цель.

При наличии в системе логических элементов эти отклонения могут быть принципиальными. При наличии памяти, незначительные отклонения в аналоговых элементах на входе системы, могут привести к изменению состояния системы и поведению системы в будущем. Этому может способствовать, например, явление состязания (или гонки) сигналов.

Вывод. Из ограничений Принципа неопределенности, неизбежно имеющиеся в любой системе, следует:

1. Каждая система находится в некоторый момент времени в одном единственном состоянии (кот либо жив, либо мертв, или умирает, то есть заведомо умрет).

2. Точность определения состояния системы ограничена.

3. Эволюция *логических систем с памятью* происходит не обязательно по программе предусмотренной наблюдателем.

4. Работа (поведение) логических систем с памятью может быть эквивалентно поведению систем со свободой воли.

5. Если результаты измерений записываются в некоторый двоичный регистр, то в результате каждый разряд регистра будет иметь единственное значение. Допустим, что показания регистра пересылаются, например в память. В единицу времени нельзя получить больше измерений, чем максимальная скорость регистра.

3.6. МАТЕМАТИКА И РЕАЛЬНЫЙ (МАТЕРИАЛЬНЫЙ) МИР

Математика является абстрактной наукой и формально не имеет отношения к физическому миру. Одновременно, на основе математических теорий строятся математические модели, описывающие (аппроксимирующие) физический мир.

Далее требуется ссылка на теорему Геделя, которая будет пониматься следующим образом:

1. В каждой (достаточно содержательной) системе аксиом A1 можно построить теорему T1, которая не доказуема и не опровергаема в системе аксиом A1.

2. Существует аксиома a1 добавление которой к A1 позволит доказать или опровергнуть теорему T1. В качестве a1 можно выбрать саму теорему T1 или ее отрицание.

3. В новой системе аксиом A2 = A1 + a1 существует теорема T2, которая не доказуема и не опровергаема. И так далее до бесконечности.

4. Логическая непротиворечивость системы аксиом не доказуема внутри этой системы.

Из изложенного следует:

1. Количество вариантов математических теорий и их сложность не ограничены.

2. Для любого физического явления может быть создана математическая аппроксимация, удовлетворяющая заданным требованиям. Требуемая гениальность создателя здесь не рассматривается. Впрочем, и для любого надуманного процесса также возможна аппроксимация. Если известного математического

аппарата недостаточно, то можно его дополнить. Великие физики так поступали неоднократно. И всегда, согласно Теореме Геделя, оставались безграничные возможности дополнительного расширения существующего математического аппарата.

3. Правильность физической теории может быть проверена только экспериментально. При этом полезно помнить высказывание Макса Планка, что *наши наблюдения не представляют физического мира, они только приносят сообщения из этого мира, который находится за ними и независим от них.*

Можно утверждать, что из теоремы Геделя вытекает необходимость определения аксиом физики путем наблюдений, то есть экспериментальным путем.

В заключение мне хочется привести еще один довод в пользу аксиом физики. Мне кажется, что из теоремы Геделя строго вытекает следующее положение:

Следствие о первичности природы. *В основе любой математической теории отражающей природу должны лежать аксиомы, базирующиеся на опыте в природе.*

Отметим, что последнее предложение не запрещает выбирать аксиомы произвольно и строить на их основе математические теории; например разные геометрии. Выводы из таких теорий могут (случайно) совпадать с явлениями природы. Это не обязательно математические модели физической реальности, а возможна случайность или преднамеренная (не всегда осознанная) подгонка под необходимый ответ.

Использование известных математических теорий или создание новых теорий для описания экспериментальных результатов или новых идей не имеет границ. Однако, необходимо с большой осторожностью рассматривать не только результаты новой математической модели (аппроксимации) за пределами интервала проведенных экспериментов. Неверная трактовка возможна и в пределах известных экспериментов.

То есть всегда нужно помнить, что (как заметил Stephen Hawking) *Люди так рады найдя решение, что порой забывают, что оно не имеет физического смысла.*

По-видимому, **сомнительно ожидать создание окончательной (которая будет достаточна навсегда) общей теории всего (точнее теории всей физики).** Уже давно маститые физики предсказывали, что не следует ожидать новых фундаментальных открытий. Подобную всеобъемлющую теорию было легче создать несколько веков назад. В любом случае эта теория не может включить новые неожиданные свойства Природы. Потребуются новые разделы и, возможно, с новым математическим аппаратом.

4. РАССМОТРЕНИЕ РАБОТЫ КВАНТОВОГО КОМПЬЮТЕРА

В настоящем разделе приведены доводы, почему надежды, возлагаемые на квантовый компьютер напрасны. При этом я еще раз хочу отметить, что все алгоритмы и даже экспериментальные данные, их подтверждающие, верны. Неверным является трактовка физики работы квантового компьютера. Эта ошибка восходит к умозрительному эксперименту Шредингера с котом, который неизвестно зачем, как колба и газ, добавлены им в эксперимент.

Следует отметить, что новая экспериментальная база может в разы увеличить скорость квантового компьютера, но это ничего общего не имеет с возможностями предсказанными теоретиками.

Представим квантовый компьютер как алгоритмическое устройство, производящее решение задачи и фильтр. В алгоритмическом устройстве производятся не только верные решения, но и другие варианты (неверных) решений. Все результаты подаются на фильтр, который пропускает только верные решения. Таким образом, на выходе фильтра может появиться верный ответ, если он был произведен алгоритмическим устройством. Явления типа запутанности ниже не рассматриваются. Есть авторы, утверждающие, что запутанность не имеет отношения к работе квантового компьютера.

В умозрительном эксперименте Шредингера колба будет либо целой, либо разбитой. Это верно для любого вероятностного эксперимента. Его результат становится известным в результате измерений или наблюдений. Подчеркиваю, что результат существует с момента выполнения некоторого условия эксперимента. По состоянию колбы можно судить распался ли атом, и что произошло с котом. Пусть мы проводим наблюдение миллион раз в секунду. О состоянии кота и о том что колба разбита мы узнаем не более чем через миллионную долю секунды после того как распался атом. Если мы проводим наблюдение раз в год, то мы можем узнать об этом через год. Однако из этого не следует, что весь этот год кот был в неопределенном состоянии. Кот был мертв с момента распада атома.

Например, один наблюдатель делает это через микросекунду, а другой один раз в год. Второй наблюдатель может уточнить у первого, когда был убит кот. Эти явления никак не связаны с распадом атома и судьбой кота. Разговор между первым и вторым экспериментатором может состояться в любое время и в любом месте. Разговор не зависит от эксперимента и не зависит от теории, которая это описывает. Разговор не зависит от надуманных умозрительных экспериментов. Распад атома не связан ни с котом, ни с физиками его придумавшими.

Существенный параметр кубита в каждый момент времени существует и он единственный. До измерений известна лишь вероятность того, в каком состоянии, из возможного множества состояний, может находиться атом (или кубит). После измерений мы возможно узнаем состояние атома. Одновременно мы внесем возмущения в систему и оставим ее в новом неизвестном состоянии.

Если имеется множество кубитов и известны вероятности состояний каждого кубита, то можно вычислить вероятность состояния всего множества. В каждый момент времени это состояние единственное. При известной скорости изменения состояний кубита, можно определить какое количество различных состояний может принять множество в единицу времени. Если в момент измерения (проявления) состояния кубита, он не находится в некотором определенном состоянии, то измерение может дать неопределенный результат. Этот результат будет верным с вероятностью появления верного результата.

Это явление можно моделировать, например, на множестве R триггеров, которые переключаются набором из R случайных сигналов. За один такт изменяются случайным образом состояния всех триггеров и за один такт возможен переход в любое из 2^R возможных (случайных) состояний. Здесь имеется скорость переключения и неопределенность состояний в промежутке между переключениями. Конкретное состояние системы неизвестно до его измерения, как и для кота Шредингера. Явление запутанности может быть введено и в эту систему. Однако без бесконечных скоростей взаимодействия, приписываемых этому явлению.

Дальнейшее рассмотрим на примере поиска двух простых множителей X и Y некоторого известного числа Z = XY длиной N десятичных разрядов. Решение единственное, так как множители X и Y простые числа. Это единственное решение может попасть на фильтр только в том случае, если оно появится на выходе алгоритмического устройства. Это случится, если в регистре из кубитов появится единственная необходимая комбинация состояний отдельных кубитов. Напомню, что состояние регистра в любой момент описывается уравнением, в котором любое состояние равновероятно. Однако в каждый момент регистр имеет некоторое единственное состояние. Наблюдение выявляет, что кот либо жив, либо мертв. Он не может быть жив и мертв одновременно. Он никогда не был жив и мертв одновременно. Была вероятность того, что он будет жив к моменту наблюдения.

Пусть скорость изменения существенного параметра (кубита) порядка 10^{15} в секунду. В этом случае алгоритмическое устройство не может произвести более 10^{15} различных решений в секунду.

При Z порядка 5 разрядов, верное решение будет появляться примерно один раз на 10^5 неверных. В секунду на входе фильтра верное решение появится примерно 10^{10} раз. И оно заведомо многократно появится на выходе фильтра. В результате этого эксперимента полностью подтвердится правильность алгоритма и возможность решения задачи на квантовом компьютере.

При Z порядка 700 разрядов, верное решение будет появляться один раз на 10^{700} неверных. Вероятность появления одного верного решения в алгоритмическом устройстве будет примерно один раз в 10^{690} лет. То есть практически невероятно ожидать на выходе фильтра верное решение. Подчеркнем, что алгоритм верен и все выводы о работе квантового компьютера принципиально верны и проведенный эксперимент дает на регистре из 10 кубитов правильный результат.

Заключение, пользователи RSA могут спать спокойно.

5. УМОЗРИТЕЛЬНЫЙ ЭКСПЕРИМЕНТ

1. Повторим эксперимент Шредингера с куском урана. Пусть его вес 1 кг. Отметим в нем некоторый атом, и если именно этот атом распадется, то будет разбита колба и т.д. Откроем комнату через 4.5 миллиарда лет (примерно 10^{17} секунд). Колба будет цела с вероятностью 0.5. С такой же вероятностью кот будет жив. Истинное состояние кота мы увидим, открыв ящик и посмотрев на кота. Аналогично, мы увидим цвет шара, вытащенного из урны, посмотрев на него. До этого мы знали лишь вероятность цвета. Вытащенный шар мог лежать годы прежде, чем мы на него посмотрели.

2. Еще раз повторим эксперимент. Теперь в тысяче кусков урана отметим по одному атому. Датчик, разбивающий колбу, сработает, если все отмеченные атомы распадутся. Через 4.5 миллиарда лет все отмеченные атомы распадутся с вероятностью P = 0.5^{1000}. С вероятностью 1 – P колба будет цела. Практически жизни кота ничего не угрожает.

3. Имеется регистр из одного кубита с двумя состояниями и его состояние произвольно изменяется примерно F = 10^{15} раз в секунду. Выберем некоторое состояние (одно из двух возможных). Если кубит окажется в этом состоянии, то в эксперименте Шредингера будет разбита колба и т.д. За секунду датчик, разбивающий колбу, сработает миллионы раз. Через долю секунды кот будет мертв.

4. Имеется тысяча регистров. Их состояние можно описать 1000-разрядным двоичным числом. Выберем некоторое конкретное число. Датчик разобьет колбу, когда регистр будет в состоянии, соответствующем выбранному числу. Если в секунду возможны F состояний, то в среднем выбранное состояние появится раз в 2^{985} секунд. Практически жизни кота ничего не угрожает. Ничего не угрожает и раскрытию ключей в коде RSA.

5. Если регистр содержит, например, 32 разряда, то колба будет разбиваться примерно 10^5 раз в секунду. Такой квантовый компьютер будет (как кажется) работать в соответствии с ожиданиями. Алгоритм Шора подтвердит свою правильность. Это отмечается в работе, например, написано: «Подчеркнем, что алгоритм верен и все выводы о работе квантового компьютера принципиально верны и проведенный эксперимент дает на регистре из 10 кубитов правильный результат».

6. КВАНТОВЫЙ КОМПЬЮТЕР И ПРИРОДА (ФИЗИКА)

6.1. ВВОДНОЕ ЗАМЕЧАНИЕ

Предполагается, что квантовый компьютер работает в среде (природе), которая подчиняется известным законам физики приведенным ранее, например:

1. Пространство с достаточной точностью для анализа работы квантового компьютера является трехмерным.

1.1. Пространство является единственным.

1.2. Не существует другого пространства, в котором находятся (неизвестные или невидимые) части квантового компьютера, находящегося в нашем пространстве.

1.3. Никакие процессы, связанные с выполнением алгоритма не могут выполняться в

197

другом пространстве или в другом времени (например, в прошлом).

2. Выполняются законы сохранения, то есть:

2.1. Любой процесс в компьютере протекает с некоторой конечной скоростью.

2.2. Энергия, затраченная или расходуемая при работе компьютера, не исчезает или появляется из неизвестных Природе источников.

2.3. Структура компьютера в процессе работы сохраняет свои свойства.

2.4. Любой информационный процесс требует материального или энергетического носителя информации.

Может показаться странным, что я упоминаю очевидные истины. Разве следует об этом говорить при анализе дизеля или обычного компьютера? Однако квантовый компьютер выполняет что-то необычное. Для объяснения этого вводятся разные гипотезы.

Например, в главе 9 [1] читаем: «Когда квантовое устройство разложения на множители раскладывает на множители 250 разрядное - число, количество интерферирующих вселенных будет порядка 10^{500}, т.е. десять в степени 500. Это ошеломляюще огромное число причина того почему алгоритм Шора делает разложение на множители легкообрабатываемым». Такой мир называется Мальтиверс.

В [2] утверждается, что «In an interview with *Wired* magazine, Lloyd postulated that everything in the universe is made of bits. Not chunks of stuff, but chunks of information — ones and zeros. ... Atoms and electrons are bits. Atomic collisions are "ops." Machine language is the laws of physics. The universe is a quantum computer». Эта идея развита в [3].

Опубликовано много странных и сомнительных интерпретаций умозрительного эксперимента Шредингера, в котором Шредингер в качестве примера упомянул кота. В физике вероятностное описание микромира трактуется как возможность одновременного сосуществования всех информационных возможностей. По существу физики в этой трактовке поддерживают идеи Малтиверса или абстрактного квантового компьютера виртуальной вселенной. Однако в научных работах или в дискуссиях это почти всегда явно не упоминается.

По этой причине доказательство невыполнимости возлагаемых на квантовый компьютер надежд невозможно, если верны упомянутые гипотезы о его работе. То есть, если гипотезы, примеры которых приведены выше, являются частью физики (Природы). Требуется критика положений опирающихся на теории неявно нарушающие, например законы сохранения. Примером такого нарушения является предположение об информационном воздействии без носителя информации. О мгновенном действии на расстоянии (entanglement) без материального или энергетического взаимодействия.

6.2. ЭНЕРГЕТИЧЕСКИЙ ПОДХОД

Допустим, что количество интерферирующих вселенных будет порядка 10^{500}, т.е. десять в степени 500. Подобное возможно в следующих ситуациях.

1. Существует центр, который организует, инициирует и управляет всеми действиями во всех вселенных Мальтиверса. Этот центр имеет неограниченные (невообразимо огромные) возможности. Он всемогущ, всеведущ и вездесущ; он вне Мальтиверса и, видимо, вне физической природы. Этот вариант в настоящей работе не рассматривается, поскольку этот центр и его поведение находятся за пределами не только природы, но и абстрактной математики.

2. Существует некая вселенная Мальтиверса, которая инициирует процесс, то есть процесс начат в одной этой вселенной. Далее

Ilya Kogan

этот процесс синхронно но по разному (!) выполняется в остальных вселенных Мальтиверса. Одновременно результаты передаются (неким чудесным способом) в квантовый компьютер, который инициировал процесс. То есть в другую вселенную.

Предположим, что разложение на множители инициируется в нашей вселенной. Это значит, что при разложении на множители в нашем квантовом компьютере инициируются аналогичные (но не идентичные!) и синхронные процессы во всех остальных вселенных Мальтиверса. Их число 10^{500}, но возможно $10^{1000000}$ или еще более огромное.

Оценим энергетические затраты в Мальтиверсе. Все предположения приближенны и отличаются от реальных, но делаются в сторону, подтверждающую качественную картину. Предположим, что в каждом кубите один электрон перемещается на одну миллионную своей длины за одну секунду.

В квантовом компьютере нашей вселенной будет произведена работа порядка 10^{-27} г (масса электрона) x 10^{-12} см (размер электрона) x 10^{-6} (перемещение в долях радиуса) x 500 (число кубитов) = 10^{-40} г.см. Во всех вселенных Мальтиверса ежесекундно будет инициирована и выполнена работа порядка 10^{460} г.см.

Во всей нашей видимой вселенной существует около 10^{80} атомов, число ничтожно малое по сравнению с 10^{500}. Таким образом, если бы видимая вселенная была мерой физической реальности, физическая реальность даже отдаленно не содержала бы ресурсов, достаточных для разложения на множители такого числа.

В данном случае интересно оценить работу, которую инициируют и совершают в Мальтиверсе процессы, проходящие в нашей вселенной. Чтобы переместить все атомы нашей вселенной далеко за ее пределы, потребуется порядка 10^{85} (число электронных масс во вселенной) x 10^{-27} г (масса электрона) x 10^{30} см (размер вселенной) = 10^{80} г.см. Ничтожно малое число в сравнении с работой, произведенной в Мальтиверсе за долю секунды. Напомню, что работа произведена по инициативе оператора нашей вселенной, решающего частную задачу на компьютере.

Вывод. При выполнении вычислительного процесса в регистре кубитов происходят следующие явления в Мальтиверсе:

1. Создаются новые 2^N вселенных, где N число кубитов (от одного до миллионов).

2. Производится работа и затрачивается энергия порядка 2^N.

6.3. МАТЕРИАЛЬНЫЙ ПОДХОД

Допустим, что квантовый компьютер весит один грамм. Оператор в нашей вселенной легко оперирует с такой массой, перемещая ее в пределах лаборатории.

В Мальтиверсе одновременно и синхронно с движениями оператора перемещается масса в 10^{500} (или $10^{1000000}$) г.

Вывод. Должен существовать центр, который обладает необходимым количеством материи, и необходимой мощностью.

6.4. ВСЕЛЕННАЯ – КВАНТОВЫЙ КОМПЬЮТЕР

По поводу того, что вселенная является квантовым компьютером и одновременно является не чем иным, как набором битов следует отметить.

Набор битов это набор закодированных ДА и НЕТ. При этом каждое ДА может быть закодировано физически чем угодно (я вынужден повторить). Например, ДА это пирамида Хеопса или положительный потенциал заданной величины. НЕТ, это гора Эверест или другая величина потенциала. Можно кодировать разными марками или цветами автомобилей. Можно использовать атомы или элементарные частицы. В любом случае, природа физического носителя информации, ее значение и процессы преобразования информации изучаются разными отраслями знаний. Каждая отрасль абстрагируется от явлений и свойств, важных в других областях.

Если вселенная является квантовым или обычным компьютером, то требуют ответа вопросы, как например:

1. Кем или чем создан этот компьютер или как он возник в процессе эволюции. Возможно, гипотеза полагает, что этот компьютер существует вечно.

2. Где хранится программа и какова структура этого компьютера.

3. Как проявляется его работа, то есть, какие явления Природы ее отражают.

4. Обладает ли этот компьютер свободой воли. Планирует ли он свои действия и целенаправленно их осуществляет.

Вывод. Ответы на эти вопросы приводят к заключению, что квантовый компьютер вселенной:

1. Существовал до появления человеческого сознания. Вернее, не только сознания, но самой Природы в нашем понимании не существует.

2. Его структура целенаправленно изменяется при катастрофах типа взрыва сверхновых или столкновении звезд. Виноват, всего этого нет. Все это информационные процессы в этом чудо - компьютере.

3. Имеется центр управления и оператор - программист, планирующий его работу. А фактически он управляет всеми процессами во вселенной (Мальтиверса?). Возможно, это тоже части компьютера.

4. Проблемы затрат энергии и времени в данном пункте не рассматриваются поскольку этот компьютер вне материального мира.

ЧАСТЬ 2

7. ПСЕВДОНАУКА

Псевдонаука — деятельность или учение (гипотеза), осознанно неосознанно претендующее считаться наукой, но по сути ею не являющееся. Псевдонаучные теории могут выдвигать и маститые ученые. Учение о «теплороде» это наука? Плодотворность гипотезы неоспорима. Как быть с гипотезой о возможности течения времени в обратном направлении.

Куда отнести концепции из областей религии, философии, искусства, морали и т. д.? Как относиться к академиям и ученым степеням в этих областях?

Не всегда можно ответить, чем отличается наука (или псевдонаука) от веры. Вера может быть твердая (или тупая?). Это называется в научных кругах как убеждение в правоте своей позиции. Если допустима честная научная дискуссия, то иногда (далеко не всегда) удается выяснить правильность научных гипотез.

В ортодоксальных учениях свободная дискуссия запрещена. Более того, высказывание критических идей сопряжено со страшными последствиями для критиков. Вспомните словарь коммунистов о методах пыток и наказаний, приведенный Солженицыным в книге «Архипелаг ГУЛАГ». После этого костер инквизиции покажется милой шуткой.

В этой части приведены примеры научных гипотез, признание которых эквивалентны признанию существованию божественности. В этом случае требуется решить лишь один основной вопрос.

После признания что религия является основной наукой, основным вопросом будет признание некоторой религией абсолютно верной. Все остальное ереси.

В самой ортодоксальной вере (религии) человечества коммунисты решили этот вопрос однозначно. Основная наука (наука наук) это философия. Основное научное направление это марксистская философия – исторический материализм. Что было с сомневающимися известно.

Сегодня появилось много спекуляций на высоком авторитете науки. Многие претендуют на поднятие авторитета своих разработок на основе придания им наукообразности. Написал и подумал, а что это значит.

Сегодня академии наук создают комиссии по борьбе с лженаукой. Одновременно последователи критикуемых методов создают свои академии наук. Однако псевдонаука не обязательно должна быть - оформлена в академию. Это может быть и теоретическое направление и гипотеза и изобретение. Специалисты и ученные не всегда убеждены, что поле их деятельности это псевдонаука. Часто это люди с глубоким знанием своего предмета.

Мне приходилось доказывать коллегам, что богословы не меньше заслуживают право на ученую степень, чем другие. Например, некоторые (великие) физики утверждали, что время может течь в обратном направлении. Но это приводит к гораздо более ортодоксальным выводам, чем любая религия. Однако никто не подвергает сомнению их ученые степени.

В стихотворении «Движение» (1826) Пушкин описывает известную историю победы Диогена над последователем Зенона, отрицавшего движение (Диоген просто стал ходить вокруг спорившего с ним философа).

Пушкин сделал запись «Восхищались Циником, который стал ходить перед тем, кто отрицал движение. Солнце ежедневно совершает то же, что и Диоген, но никого не убеждает», и увековечил это в стихотворении.

Движенья нет, сказал мудрец брадатый.
Другой смолчал и стал пред ним ходить.
Сильнее бы не мог он возразить;
Хвалили все ответ замысловатый.
Но, господа, забавный случай сей
Другой пример на память мне приводит:
Ведь каждый день пред нами солнце ходит.
Однако ж прав упрямый Галилей.

Видимо есть научные споры в которых присутствует мошенничество. Только крайняя недобросовестность «ученых» позволяет вместо логичной критики пользоваться политическими штампами типа «лженаука». Крайняя если не недобросовестность, то, по крайней мере непоследовательность и нелогичность, видна на примере допустимости течения времени вспять. Однако последовательной критики этого утверждения я не встретил.

Как диагност я хотел бы предложить тест. То есть мерку, что можно отвергнуть, как невозможное в природе. Мне кажется, что понятие «кот Шредингера» очень подходит для этого. К сожалению, термин «научность» это скорее философская категория и категорические суждения здесь спорны.

210

Тем не менее принципы работы квантового компьютера основаны на предлагаемом тесте и относятся скорее к области чудес, а не к допустимым явлениям природы.

ФИЗИКА, РЕЛИГИЯ И ЗДРАВЫЙ СМЫСЛ

Настоящее эссе выражает в основном мою точку зрения. Оно не имеет цель защиты религии или науки. Автор надеется, что оно не задевает чьих либо чувств по отношению к религии (за или против).

Видимо время споров о религиозных догмах кануло в прошлое. Доказано, что Земля не стоит на трех слонах и не является центром Вселенной. И абсолютно забыто, что эти догмы были созданы древними физиками. Точнее, специалистами в области, из которой появилась наука и физика в частности. Их последователи – современные физики, полностью опровергли в некоторых вопросах учение своих предшественников. В пылу диспутов были отброшены все идеи, даже те которые не обсуждались и не опровергались.

Не учитывалось и то, что физика и религия преследуют разные цели. Религия апеллирует к внутреннему миру человека (душе), включая и тех, кто очень далек от физики. Чтобы жить в мире и спокойствии требуется стабильность мировоззрения. Конфуций провозгласил:

If there be righteousness in the heart, there will be beauty in the character.
If there be beauty in the character, there will be harmony in the home.
If there be harmony in the home, there will be order in the nation.
If there be order in the nation, there will be peace in the world.

Думает ли физика о подобных целях?

Физики (не физика) апеллируют к узкому кругу специалистов далеких от большинства людей. Эти специалисты далеки и от инженеров, которым они читают лекции по физике. Их физика часто отличается в своих основах от ясной картины, нарисованной в их лекциях. Это тоже догматизм. В дополнение наука, как и крокодил, движется вперед, не оглядываясь.

Но история науки не столь гладка. Лакатос замечает по поводу Геометрии Евклида, Механике и Теории Гравитации Ньютона:

"The analogy between political and scientific theories is then more far-reaching than is commonly realized: political ideologies which first may be debated (and perhaps accepted only under pressure) may turn into unquestioned background knowledge even in a single generation: the critics are forgotten (and perhaps executed) until a revolution vindicates their objections." (I. Lakatos "Proofs and reputations" Cambridge, NY 1976, page 49).

Не всегда современные ученые знают о казнях их коллег (сегодня это делается по фальшивым обвинениям), но все они знают об авторитарном поведении научных руководителей. Если кто-то хочет чистоты, то нужно начинать с себя.

Где больше мифов в физике или в религии? Посмотрим на оригинал:

КНИГА БЫТИЯ, ГЛАВА 1

[1]В начале Бог сотворил небо и землю.

[2]Земля же была хаотична и пуста, и тьма над бездною; и Дух Божий носился над водою.

[3]И сказал Бог: да будет свет. И стал свет.

[4]И увидел Бог свет, что он хорош, и отделил Бог свет от тьмы.

Я хочу подчеркнуть, что согласно религиозным книгам до момента создания (действительности) были пространство, время, материя и **Создатель**. Не сказано, что было в бездне, но там была вода, и Бог отделил свет от тьмы. Когда я впервые это прочел, (эти книги не продавались в Советском Союзе) меня удивило, почему написано «*отделил свет от тьмы*». Это наводило на мысль, что речь идет о «тепловой смерти» и необходимо было отделить *Тепло - свет* от *Холода – тьмы*. Проще написать СОЗДАЛ как об остальном, но написано ОТДЕЛИЛ.

Ничего не предшествовало моменту творения в физике. Все возникло «Нигде», «Никогда» и из «Ничего». В безразмерной геометрической точке произошел взрыв – если не было времени и пространства, тогда что инициировало взрыв? Кто или что создало Вселенную из ничего? Но в природе ничего не возникает из ничего и не может бесследно исчезнуть. Действуют фундаментальные законы сохранения. Физика твердо настаивает и на этом.

Кажется религия намного ближе к здравому смыслу.

Интересно как современный физик решит объяснить мироздание кому-либо в 12-м году (не 2012-м)? Какую гипотезу он выберет?

- Никто из ничего,

Или;

- Кто-то очень могучий создал все, находясь внутри уже существующей природы.

Я убежден, что и сегодня, как в 12-м году нашей эры, вторая (религиозная) гипотеза имеет значительное преимущество.

ОДНАКО ...

Anything that is not forbidden is mandatory! T. H. White. Иными словами все, что не запрещено обязательно сбудется.

Запрещения возможны различные. При ограниченности знаний они формулируются на основе опыта и здравого смысла, который является следствием того же опыта. Впрочем, физики надеются создать «Теорию Всего». Основой этой теории будет математическая модель.

Этому возможна единственная альтернатива божественное творение или предположение, что мы живем в виртуальном мире, созданном другой высшей цивилизацией. Оба эти предположения лишь отодвигают на одну ступень вопрос. Появляется новый вопрос; в каком пространстве и по каким законам живет эта божественная цивилизация или виртуальная система.

В дополнение можно спекулировать, по каким законам будет развиваться наш мир, когда эта божественная цивилизация захочет изменить правила своей игры.

Например, ученые утверждают, что скоро человек сможет жить вечно. Расхождение только в сроках наступления этого.

На Земле (скоро?) появятся системы, называемые сингулярность. Каждая такая система будет значительно превосходить с интеллектуальной, да и с любой другой точки зрения, отдельного человека и. даже, все человечество.

И еще есть Закон Курцвейла об ускорении развития, который по-видимому справедлив, по крайней мере, для информационных систем.

Человечество не помнит, что было вчера и не учится на своем опыте. Сколько уже об этом сказано!

Человечество непоследовательно сегодня.

Человечество прогнозирует завтра, но не готовится к нему.

Умозрительный эксперимент.

Допустим, что создано «средство Макропулоса», которое позволяет полностью вернуть организм из столетнего состояния в двадцатилетнее. Теломеры стали длиннее. Появились, давно исчезнувшие, кровеносные сосуды, питающие позвоночные диски. Решены и другие вопросы, как например, переполнения памяти. Ведь за тысячи лет накопится много информации, а возможности человеческого организма по хранению информации ограничены.

Допустим, сформировались сингулярности с IQ равным миллиону и почти неограниченными физическими возможностями. Благодаря закону ускорения развития их возможности удваиваются в доли секунды.

Представим события в 3000 году.

А) Банкет, за столом сидит компания из людей, сингулярности и клопов.

В) Концертный зал. Зрители из той же компании.

С) За олимпийскими соревнованиями наблюдает та же компания.

Кое-кто из читателей может сказать, что я неправильно выбрал компанию. Ведь дистанция между человеком и сингулярностью значительно больше, чем между человеком и клопом. Не буду возражать, ведь это оценочный эксперимент. Можно вместо клопов взять амебы.

Продолжение каждый напишет свое. Интересно как будут общаться сингулярности с людьми. Как люди общаются с клопами, мы немного знаем. Я сделал попытку рассмотреть этот вопрос в книге "**СИНГУЛЯРНОСТЬ, ГДЕ ОНА?**".

Ilya Kogan

8. О КВАНТОВОЙ СЦЕПЛЕННОСТИ

В данном разделе приведен пример, как утверждается в серьезной и авторитетной научной литературе, наблюдаемого в физических экспериментах явления, которое противоречит гипотезам, положенным в основу настоящей книги.

Однако, принятая трактовка несовместима с Природой. Подобное возможно, только в случае, если Всемогущий Бог шутит.

В литературе **квантовая сце́пленность** или запутанность (*entanglement*) представлена как явление, при котором квантовое состояние двух или большего числа объектов должно описываться во взаимосвязи друг с другом, даже если отдельные объекты разнесены в пространстве. Иными словами, создаётся впечатление, что измерения, проводимые над одной частицей, оказывают мгновенное воздействие на сцепленную с ней другую частицу.

В прекрасной книге Michio Kaku "Physics of the Impossible" написано.

"Next, measure the spin of one electron. It is, say, spinning up. Then you know instantly that the spin of the other electron is down. Even if the electrons are separated by many light-years, you instantly know the spin of the second electron as soon as you measure the spin of the first electron. In fact, you know this faster than the speed of light! Because these two electrons are "entangled," that is, their wave functions beat in unison; their wave functions are connected by an invisible "thread" or umbilical cord. Whatever happens to one automatically has an effect on the other. (This means, in some sense, that what happens to us automatically affects things instantaneously in distant corners of the universe, since our wave functions were probably entangled at the beginning of time. In some sense, there is a web of entanglement that connects distant corners of the universe, including us.) Einstein derisively called this "spooky-action-at-distance," and this phenomenon enabled him to "prove" that the quantum theory was wrong, in his mind, since nothing can travel faster than the speed of light." (Kaku, Michio, Physics of the impossible, page 61).

Следует отметить, что в данном случае профессор Kaku выступает не как автор теоретических основ цитируемого текста, а как физик – энциклопедист. Нет оснований

220

подвергать сомнению правильность изложения господствующей в физике концепции.

При этом утверждается, что сцепленность не приводит к нарушению принципа относительности, который утверждает, что информация не может переноситься с места на место быстрее, чем со скоростью света. Однако это нарушает законы сохранения, из которых следует, что процессы взаимодействия не могут быть мгновенными. Утверждается, что хотя две системы могут быть разделены большим расстоянием и быть при этом сцепленными, передать через их связь полезную информацию невозможно, поэтому причинность из-за сцепленности не нарушается.

С этим нельзя согласиться по целому ряду причин.

1. Скорость ограничена законами сохранения, а не принципом относительности. Теория Относительности не имеет к этому отношения.

2. Почему утверждается, что взаимодействие мгновенное? Возможно, оно многократно быстрее света, но не мгновенное.

3. Если изменяется параметр в некоторой частице, в связи с изменением параметра в другой

частице, то между частицами заведомо имеется информационная связь.

Совершенно безразлично пошел ли человек с молотком ко второй частице или это еще неизвестный вид взаимодействия. Не имеет значения, существует ли наблюдатель и в состоянии ли он понять процесс взаимодействия. Неважно, может ли человек использовать это явление. Информационное взаимодействие, безусловно, есть. Оно есть и в том случае, если физики, описывающие эти процессы, верят в существование Всемогущего Бога.

Квантовая сцепленность является поводом для утверждения, что существует другой вид поля, который имеет другую, значительно более высокую, скорость распространения, чем скорость света. Поскольку это поле может воздействовать на инерционные материальные тела, то и оно материально. И значит, его скорость не может быть бесконечной.

Одновременно квантовая сцепленность предполагает наличие каналов связи между частицами во вселенной. Длины каналов связи соизмеримы с наибольшими расстояниями доступными во вселенной. Число каналов связи может значительно превышать число частиц во вселенной.

Последнее настолько несовместимо с законами сохранения, что без критического разбора его следует отнести к псевдонауке. Без высказывания гипотез о физической природе этого явления; без экспериментальной проверки это явление должно восприниматься, как (смешная) странное высказывание.

- Признание существования огромного числа каналов связи между частицами.

- Признание, что по этим каналам распространяется что-то и это что-то может изменять параметры сцепленных с ним частиц. Это что-то знает какой параметр следует менять. Оно знает, как это выполнить.

- Признание что это что-то распространяется мгновенно. Для изменения материального параметра мгновенно требуется бесконечная мощность.

Этого достаточно, чтобы разрушить все научные устои. И, в первую очередь, научные устои физики. **Впрочем это может служить убедительным доказательством существования Бога**

9. О ВРЕМЕНИ

Аппроксимация обычно верна в некоторых пределах, вне которых результаты теряют точность и могут стать парадоксальными. Например, в модели (уравнении) время позволяет изменение знака. Следовательно, может течь в обратном направлении. То есть все процессы потекут вспять.

Например, тысячи лет назад была битва. Тела погибших воинов съедены другими существами и разнесены по всему миру. Перегной стал пищей растений, которые съедены или сгнили. Ветер и реки разнесли их частицы по всему миру. Это явление повторялось многократно. И вот все эти процессы текут в обратном направлении, и воины пятятся назад и молодеют.

На возможности этого настаивали крупные физики. При этом ими игнорировалось, что такой ход вещей требует, например, абсолютной

Ilya Kogan

детерминированности мира. Может ли в этом случае существовать, например, «кот Шредингера»?

Здесь интересно вспомнить, что (как сказал Stephen Hawking) *Люди так рады найдя решение, что порой забывают, что оно не имеет физического смысла.*

Однако физика обязана иметь физический смысл.

В этой связи вспомним еще одну проблему.

О ПУТЕШЕСТВИЯХ ВО ВРЕМЕНИ

Что это такое путешествие во времени?

1. Возможность попасть в будущее и там остаться?

2. Заглянуть в будущее, рассмотреть его внимательно и вернуться в настоящее?

3. Заглянуть в прошлое, рассмотреть его внимательно и вернуться в настоящее?

4. Отправиться в будущее, пожить там активно и вернуться в настоящее?

5. Отправиться в прошлое, пожить там активно и вернуться в настоящее?

Первая возможность почти существует, но это скорее область медицины и психологии. Остальные варианты ограничены теорией информации не меньше чем физикой. Напомню, что рассмотрение происходит в объективно существующей Вселенной, то есть в физической, а не в виртуальной среде. Впрочем, и для виртуальной среды проводимые рассуждения справедливы.

Во втором и третьем случае должна существовать копия Вселенной для каждого момента времени. Абсолютная копия: с фазовым совпадением для каждого электрона в каждом атоме. Как это может быть? Либо все копии существуют всегда и одновременно, и при этом эволюционируют (либо их изменяют высшие силы(?)) абсолютно синхронно, либо они создаются по мере необходимости.

Если для каждого момента времени существования Вселенной постоянно существует ее абсолютная копия, то для каждого отрезка времени существует бесконечное множество копий вселенной. Для замкнутой модели Вселенной и дискретных времени и пространстве это множество, возможно, будет счетным. Они должны быть по-соседству и возможно каждая в своем измерении. И одновременно не влиять друг на друга. Должна быть (у кого-то) возможность их постоянного согласования, либо они развиваются строго детерминировано. То есть не существует, например, свободы воли не только у элементарных частиц, но и у людей. То есть все абсолютно строго предопределено, в том числе и все путешествия во времени.

Все это можно создать расширив теорию сцепленности частиц до сцепленности вселенных. Вселенные можно поместить в какой-нибудь мальтиверс.

Если копии создаются по мере необходимости, то проблема необходимой для этого информации, пожалуй, больше, чем сама вселенная. Остается проблема создания, куда поместить новую копию и как ее синхронизовать с уже существующими.

Последние два случая усложняют проблему, парадоксами к которым они приводят.

Можно ли предвидеть будущее? Нет, если имеется в виду абсолютно точное предсказание, а не вероятность некоторого события. Пусть имеется достаточно мощное устройство и абсолютно точная математическая модель. Пусть предсказано какое-то событие в каком-то месте через сто лет. Однако в ста световых годах произошел взрыв звезды, и ее излучение сожжет через сто лет это место. Учитывая ограничения на скорость света, вытекающие из законов сохранения, эта информация не могла быть учтена при предсказании.

Однако, зачем все эти хлопоты, строить модель, собирать информацию и так далее. Слетать в будущее, посмотреть, вернуться и «предсказать».

В этой связи интересен вопрос, который фигурирует в серьезной научной литературе по физике. Утверждается, что «кота Шредингера» экспериментатор может по своему желанию сделать живым или мертвым. Описана (и проверена!) теоретическая и экспериментальная возможность приоткрывать крышку ящика с котом и захлопывать ее, если кот не в нужном состоянии. Это можно повторять пока не будет получено необходимое состояние кота.

Следующий из этого, как я полагаю, шаг, оживление любых существ.

И все же я остановлюсь еще на одном положении, которое отстаивают сторонники путешествий во времени. Категорически отстаивают, но не в явной форме.

С путешествиями в прошлое связано много парадоксов. Их следует избежать. Я остановлюсь на одном.

Кто-то решил отправиться в прошлое, чтобы убить своих родителей. Выдвигается гипотеза, что в физике это запрещено.

Пофантазируем, как это может быть предотвращено.

К своему путешествию убийца готовился тщательно. Убийца взял на вооружение все методы, которые описаны в детективных произведениях и в юриспруденции. Он в совершенстве изучил методы как можно совершить убийство, которое невозможно предотвратить и раскрыть.

Но он не учел, что есть всемогущее, всевидящее, всезнающее, недремлющее **ЧТО-ТО**. Оно и предотвратило противоречие, которое могло возникнуть.

Это и есть то неявное, на чем совершенно явно настаивают физики.

Впрочем, можно предположить образование новых миллиард миллиардов … (повторите это тысячи раз) вселенных. Убийца подумал – новая вселенная. В новых вселенных убийца двинулся и в каждой раздвоение. За одну минуту в каждой новой вселенной может произойти тысячи раздвоений. А за год?

QUANTUM COMPUTER IS A MIRACLE

Не знаю, когда читатель (на каком шаге раздвоения) вспомнит о псевдонауке.

ЧАСТЬ 3

10. МОДЕЛЬ ВСЕЛЕННОЙ

1. ВВЕДЕНИЕ

Существующая модель Вселенной имеет недостатки аналогичные утверждению, что земля стоит на спине слонов стоящих на спине черепахи. Пожилая женщина объяснила ученому по поводу его лекции о строении Вселенной: черепаха стоит на следующей «и так до самого низа». Нет ответа на вопрос, почему что-то произошло в некоторой точке и в некоторый момент времени. Плохо, что подобные вопросы игнорируются. Виноват, согласно существующим теориям, до этого не было ни времени, ни пространства. Вопрос о начальной точке, то есть почему это началось, игнорируется. Та женщина была гораздо логичней.

Открытая модель Вселенной будет существовать вечно в пространстве и во времени. Новая Вселенная, если она возникнет, появится в уже существующей. Предположение о существовании более трех измерений пространства вряд ли поможет. Анализ изометрии четырехмерного куба показывает, что любой трехмерный куб будет иметь общее пространство с другими трехмерными кубами из других трехмерных подпространств. Другими словами, следует предположить, что в одном и том же пространстве находится много тел, много полей и т.д., и они не влияют друг на друга. Это не случается с параллельными линиями или плоскостями, которые не имеют объема и массы. И снова следует вопрос: почему возникла вселенная и почему она единственная.

Существуют теории для объяснения различных феноменов. Например, для путешествий во времени рассматривается существование множества (бесконечного?) одновременно существующих синхронизованных вселенных. Авторы не рассматривают проблему синхронизации.

Замкнутая модель предполагает, что Вселенная периодически расширяется и сжимается. Однако сжатие оканчивается геометрической точкой с исчезновением пространства и времени. Где, почему и когда начнется новый период эволюции вселенной? Вопрос остается открытым.

QUANTUM COMPUTER IS A MIRACLE

В настоящей работе предполагается вариант модели Вселенной, для которой:

Существует бесконечное трехмерное Евклидово пространство. Оно будет называться абсолютным пространством. Пространство изоморфно и в нем нет предпочтительных точек. Невозможно отметить некоторую точку в пространстве. Подчеркну, что из этого не следует, что невозможно измерить абсолютную скорость.

Существует абсолютное время, которое не имеет начала и конца.

В абсолютном пространстве случайным образом распределены материя и (или) энергия.

Все упомянутое существовало, и будет существовать вечно и независимо от какого-либо наблюдателя или сознания.

Эти положения следуют из законов сохранения. Если нельзя создать что-то из ничего, то оно существовало вечно. Аналогично, если нельзя что-то превратить в ничего, то оно будет существовать вечно. Материя находится в постоянном движении, например под действием сил тяготения, светового давления, взрывов и т.п. Чем больше материи в некотором месте, тем большее притяжение, собирающее дополнительную материю в это место. В результате образуется огромная черная дыра.

Давление достигнет критической точки и Большой Взрыв (БВ) образует новую локальную вселенную (**в** вместо **В**). Такая локальная вселенная называется «Вселенной» в существующих моделях, и предполагается, что она единственная. Реальный процесс может пройти через период колебаний с мощным электромагнитным излучением. Но со временем произойдет БВ.

В зависимости от силы БВ, возникнет закрытая или открытая вселенная. Открытая вселенная может превратиться в закрытую, если из окружающего пространства добавится материя. Это может случиться и с закрытой вселенной, если соседние вселенные притянут к себе часть ее материи. В нашей вселенной есть галактики с голубым смещением. Можно предположить, что они пришли в нашу вселенную из окружающего пространства. То есть из соседних вселенных.

«Хорошо известно», что Вселенная не может быть бесконечной, поскольку в этом случае, например, небосвод будет иметь бесконечную яркость. Почему бы не предположить, что достаточно толстый участок пространства становится непрозрачным, что на пути света или метеоритов существует плотный экран из материи, который их остановит. Бесконечный ряд может иметь конечную сумму. Для средней светимости во Вселенной это применимо, если плотность будет меньше некоторого лимита, т.е. расстояния между вселенными будут больше некоторой величины. Или, если имеется затухание в пространстве, например, благодаря межзвездной материи.

Тем не менее, забавно, что физики и философы, живущие в пространстве с ограниченной средней плотностью материи (энергии) доказывают, что если Вселенная будет бесконечной, то в каждой ее точке будет бесконечная яркость. То есть, будет бесконечная плотность энергии (материи) в каждой точке.

2. СТРУКТУРА МОДЕЛИ

В рассматриваемой модели Большой Взрыв (БВ) похож на обычный взрыв в центре шара. Материя разлетается в разные стороны в существующем до взрыва пространстве. Начальная скорость слоев, расположенных ближе к поверхности шара больше. Таким образом, видимая вселенная кажется расширяющейся. Объекты более удаленные имеют большее красное смещение. В дальнейшем скорость движения замедляется под действием гравитационных сил. Скорости разбегания галактик и красное смещение со временем уменьшаются.

Окажется локальная вселенная замкнутой или открытой зависит от плотности материи и начальных скоростей. На это могут повлиять силы тяготения других локальных вселенных и попадание в пространство внешней материи.

Сказанное можно подытожить следующим образом. Наблюдаемое расширение вселенной является движением от центра БВ в существующем пространстве.

Это не растягивание пространства созданного БВ. БВ разбрасывает материю с огромной начальной скоростью. Скорость уменьшается от поверхности к центру. Со временем гравитация уменьшает скорость, то есть скорость расширения вселенной уменьшается со временем. Подчеркну, что из этого не следует, что вселенная замкнута и обязательно со временем стянется назад к месту взрыва.

Наблюдения показывают увеличение скоростей (красного смещения) с расстоянием. Это соответствует для наиболее удаленных тел, их состоянию 10 млрд. лет назад. При такой интерпретации не возникает вопросов об увеличении со временем расстояний в солнечной системе или внутри атома. Некоторые авторы утверждают, что движение не в чистом вакууме приведет к торможению небесных тел рассеянной межзвездной материей. В принципе это верно.

Произведем оценку допустимой плотности межзвездной материи. Земля движется вместе с Солнцем со скоростью 220 км/сек или 2×10^5 м/с. Скорость света 3×10^8 м/с. За 10 млрд. лет Земля проходит 10^7 сл (*световых лет*), или 10^{23} м. *Все расчеты проводятся с точностью до одного десятичного порядка.* Площадь сечения Земли 10^{14} кв. м. Приняв вес Земли 10^{25} кг, получим 10^{11} кг на кв. м сечения. Пусть Земля за время своего существования (10 млрд. лет) теряет 10^{-8} своей скорости в результате торможения межзвездной материей, т.е. она встречает на каждый кв.м. 100000 кг материи. Для цилиндра длиной в 10 млрд. сл средняя плотность будет $100000 / 10^{23} = 10^{-18}$ кг/м^3.

Для более крупных небесных тел торможение будет значительно меньше. Ошибка на несколько порядков не изменит результат – **явлением торможения в результате встречи с межзвездной материей можно пренебречь при определении скоростей небесных тел. Одновременно, вполне допустимы плотности межзвездной материи, делающие пространство толщиной в млрд. сл непрозрачным.** Отмечу, что торможение может оказаться значительным для межзвездных кораблей.

Рассмотрим влияние расширения вселенной в общепринятом смысле. То есть в предположении, что растягивается пространство, а не разлетаются в разные стороны от центра взрыва куски материи в существующем пространстве. В этом случае должны увеличиваться со временем все расстояния. Например, радиусы орбит планет или орбит электронов в атомах. Коэффициент Хаббла равен 50 км/с / Мпарсек = 50 км/с / 3 x 10^{22} м =1.7 м/с / 10^{18} м.

Для Земли с радиусом орбиты 1.5 x 10^{11} м мы получим 10^{-7} м/с. За млрд. лет это 100 м. Это вполне измеряемая величина. **Выводы из подобных измерений могут служить доводом против гипотезы принятого варианта расширения (растягивания) вселенной**.

3. СВЕТИМОСТЬ НЕБОСВОДА

3.1. МОДЕЛЬ

Рассмотрим следующую геометрическую модель вселенной. В центре наша вселенная. Затем слои пространства толщиной 3000 млрд. сл. Последняя цифра имеет следующее обоснование. При радиусе 15 млрд. сл объем вселенной равен 10^{31} куб. сл. Объем на одну галактику примерно 10^{31} / 10^{11} = 10^{20} куб. сл. Наша галактика имеет форму диска диаметром 100 000 сл. Объем шара равен 10^{15} куб. сл, но она имеет форму диска и ее объем меньше 0.1 объема шара, то есть 10^{14} куб. сл. Отношение радиуса пространства на галактику к радиусу галактики от 100 до 1000.

Принята цифра 200, 15 млрд. сл x 200 = 3000 млрд. сл.

На поверхности первого слоя с радиусом R1 = 3000 млрд. сл поместится от 15 до 20 вселенных. Примем 20. Площадь поверхности слоя будет $S1 = 10^{26}$ кв. сл. В слое **n** их будет n^2 x 20. Одновременно **Rn = R1** x **n**. Т.о., количество вселенных возрастает и пропорционально убывает яркость. Следовательно, суммарная яркость каждого слоя одинакова. Учитывая, что угловые размеры уменьшаются с удалением, каждый слой экранирует одинаковый участок поверхности сферы первого слоя.

В случае если все излучение доходит до нашей вселенной, то при бесконечной вселенной мы получим бесконечную яркость. Это абсурд, поскольку в любой точке пространства будет бесконечная плотность энергии и материи.

Примем радиус вселенной 15 млрд. сл, тогда площадь ее сечения равна 10^3 кв. млрд. сл. Для 20 вселенных первого слоя 2 x 10^4 млрд. кв. сл. или 10^{22} кв. сл. Следовательно, вселенные первого слоя экранируют примерно 10^{-4} поверхности небосвода. Для надежного, примерно десятикратного экранирования потребуется 10^5 слоев. Следовательно, суммарная дополнительная светимость небосвода будет равна 10^5 вселенных первого слоя.

240

3.2. СВЕТИМОСТЬ СЛОЯ И ДОПОЛНИТЕЛЬНАЯ СВЕТИМОСТЬ НЕБОСВОДА

Подавляющее большинство галактик имеют светимость меньше 24 величины или 10^{-10} светимости звезды первой величины. Из соседней вселенной они будут видны в 200^2 или в 10^4 раз слабее. Во вселенной 10^{11} галактик и их суммарная светимость равна 10^{-3} звезды первой величины. Поскольку в слое 20 вселенных, то суммарная светимость слоя равна светимости звезды менее 5-й величины.

Суммарный свет 10^5 слоев внутри экрана добавит яркости как от 10^5 звезд 5-й величины. Очевидно, что ошибка на несколько порядков принципиально не повлияет на вывод: **бесконечная вселенная практически не влияет на яркость небосвода.**

3.3. ПОГЛОЩЕНИЕ МЕЖЗВЕЗДНОЙ МАТЕРИЕЙ

Выше не учитывалось поглощение межзвездной материей. Поскольку Вселенная существует бесконечно долго, то межзвездная пыль рассеяна по всему пространству. Для поглощения половины излучения на 3000 млрд. сл достаточно поглощения примерно 0.0001 на млрд. сл. Выше, при определении торможения небесных тел было показано, что это совершенно незначительная и вполне допустимая плотность межзвездной материи.

В этом случае суммарное излучение бесконечного ряда слоев будет (как сумма геометрической прогрессии) равна всего двум слоям, т.е. суммарная яркость бесконечной вселенной добавит светимость двух звезд 5-й величины. Рассмотренное выше экранирование может лишь уменьшить эту светимость.

Предполагается, что цикл развития вселенной между БВ примерно 10^{11} лет. Очевидно, что через четверть этого срока светимость галактик существенно снижается. Это дополнительно может снизить дополнительную светимость небосвода.

4. ЯРКОСТЬ БОЛЬШИХ ВЗРЫВОВ

Раз, примерно, в 10^{11} лет локальная вселенная переживает БВ. В первом слое это случается раз в 5×10^9 лет. Во втором слое раз в 1.25×10^9 лет, в третьем раз в 0.31×10^9 лет и т.д. Яркость этого явления может быть значительно выше светимости вселенной через млрд. лет после БВ, т.е. когда вселенная остынет и ее излучение уменьшится. По-видимому, явление БВ связано с неизвестным явлением, когда при превышении некоторого порога плотности происходит преобразование вещества. Возможно вся материя превращается в энергию. В результате внутреннее давление превышает гравитационное и происходит взрыв с разлетом материи и мощным излучением. Это явление и называют БВ.

С большой вероятностью притяжение материи, т.е. сжатие вселенной, происходит не симметрично. В этом случае вместо симметричного взрыва, при котором происходит разлет материи и энергии во все стороны, картина может быть, например, следующей. Критическая плотность достигается в месте расположенном относительно далеко от центра и близко к поверхности. Взрыв раскрывает поверхность и происходит мощное излучение. Одновременно падает давление, прекращается реакция преобразования и поверхность захлестывается. Через некоторое время процесс повторяется.

Учитывая огромные силы, период может быть малым. Этот процесс можно описать после моделирования на вычислительной машине.

Каждый последующий «поверхностный» взрыв будет приближаться к центру, поскольку со стороны взрыва давление будет падать. Таким образом, процесс будет идти в направлении БВ.

Одновременно этот процесс очень похож на описание квазара. Когда впервые появились сведения о квазарах, я пытался опубликовать изложенную точку зрения.

Согласно существующим теориям в начальный период после БВ вселенная расширяется со скоростью большей скорости света в современном вакууме. Впрочем, этот факт противоречит ограничению на скорость и замалчивается. Тем не менее, это видимо, возможно.

Опыт Физо может не свидетельствовать в пользу теории относительности, как утверждает Эйнштейн. Отвергнув слово эфир, и заменив его словом вакуум с определенными свойствами, было отвергнуто и существование эфирного ветра. Почему же «водяной ветер» в опыте Физо отстаивается.

Свет видимо распространяется в вакууме, свойства которого изменяются в присутствии воды. Такая точка зрения позволяет объяснить возможность расширения вселенной на ранней стадии со скоростью выше скорости света в современном вакууме.

В высокотемпературной плазме при огромном давлении свойства вакуума (например, диэлектрическая и магнитная проницаемости) могут быть другими. Если скорость света будет в десять миллионов раз больше теперешней, то движение со скоростью равной тысяче

244

теперешних скоростей света вполне нормально при тех огромных силах.

В рассмотренном случае излучение быстро расширяющейся вселенной будет ослаблено поглощением излученного света материей, которая перегоняет свет. Как только свет окажется за пределами пространства огромных температур и давлений, его скорость уменьшится, и он частично окажется в пределах движущейся от центра материи. Это уменьшит яркость БВ.

5. О ЧЕРНОЙ МАТЕРИИ И (ИЛИ) ЧЕРНОЙ ЭНЕРГИИ

В настоящем разделе обосновывается гипотеза, что явление, которое называется черной материей и (или) черной энергией представляет собой реликтовое и другое излучение. При этом предполагается, что:

1. Излучение равномерно рассеяно в пространстве со средней плотностью 500 квантов на кубический сантиметр.

2. Электромагнитная энергия обладает гравитационным полем соответствующим его массе покоя. Например Stephen Hawking рассматривает возможность существования черных дыр из электромагнитной энергии, что подтверждает правомочность такого подхода.

3. Гравитационная масса кванта электромагнитной энергии равна массе электрона. Это следует из преобразования электрон плюс позитрон в два кванта электромагнитной энергии. Как происходит такое преобразование, в данном случае не имеет значения, если соблюдаются законы сохранения. Ни энергия, ни масса не могут исчезнуть или появиться из ничего. Например, элементарные частицы, это миниатюрные устойчивые энергетические черные дыры, в которых сконцентрирована энергия электромагнитных квантов. Видимо имеется ряд таких устойчивых состояний соответствующих элементарным частицам.

Все расчеты производятся округлено с точностью до порядка. Это не повлияет на качественную картину.

Исходные данные:

Масса электрона 10^{-27} г.
Масса солнца равна массе солнечной системы 2×10^{33} г.
Радиус солнечной системы (орбита Нептуна) 4×10^{14} см.
Объем солнечной системы 3×10^{44} куб.см.
Средняя плотность солнечной системы 0.7×10^{-11} г на куб.см.
Масса средней галактики (10^{10} звезд) равна 10^{43} г.

Радиус средней галактики 10^{22} см.
Объем средней галактики 10^{66} куб.см.
Средняя плотность галактики 10^{-23} г на куб.см.
 Масса средней локальной вселенной
(10^{12} галактик) равна 10^{55} г.
Радиус средней локальной вселенной 10^{28} см.
Объем средней локальной вселенной 10^{84} куб.см.
Средняя плотность локальной вселенной 10^{-29} г на куб.см.
 Радиус средней локальной вселенной с прилегающим (пустым) пространством 10^{31} см.
Объем локальной вселенной с прилегающим пространством 10^{93} куб.см.
Средняя плотность массы в пространстве 10^{-38} г на куб.см.
 Средняя плотность излучения 5 x 10^{-25} г на куб.см.

Из приведенных величин следует:

В масштабах солнечной системы плотность массы звезд превосходит плотность излучения в 10^{13} раз. Следовательно, влияние черной материи и (или) энергии столь незначительно, что им можно пренебречь.

В масштабах галактики плотность массы звезд превосходит плотность излучения всего в 20 раз. Следовательно, влияние черной материи и (или) энергии следует учитывать при точных расчетах.

В масштабах локальной вселенной плотность массы излучения превосходит среднюю плотность массы звезд в 10^5 раз. Следовательно, влияние черной материи и (или) энергии является доминирующим.

Для космического пространства плотность массы излучения превосходит среднюю плотность массы звезд в 10^{14} раз. Следовательно, влияние черной материи и (или) энергии является доминирующим и влиянием массы звезд и планет можно пренебречь.

На этот вывод может повлиять наличие в межзвездном пространстве космической пыли. То есть влияние черной материи может возрасти.

11. О ЗАКОНАХ ВСЕЛЕННОЙ

Основополагающими законами Вселенной (Природы) являются законы сохранения. Они позволяют утверждать, что Вселенная представляет бесконечное трехмерное Евклидово пространство. В этом пространстве рассеяны локальные вселенные. Примером локальной вселенной является наша вселенная.

Макро теория нашей локальной вселенной исследована в Теории Относительности. Микро теория описывает явления не глубже элементарных частиц. Предполагается, что существуют атомы. Они состоят из ядра и вращающихся вокруг электронов.

Ядро стабильно благодаря некоторым силам. Электроны не падают на ядро благодаря центробежной силе и не излучают энергию, благодаря целому числу волн их орбиты. Так определяются стабильные орбиты и устойчивость атома.

При достаточно сильном давлении эта стабильность может быть нарушена. Например, гравитационные силы в черных карликах прижимают атомы так сильно, что их электронные оболочки падают на ядро. Электрические заряды исчезают (уравновешиваются) и остаются прижатые друг к другу нейтроны.

Гравитационные силы действуют не только в черных карликах. Гравитационные силы пытаются собрать всю окружающую материю. Это неизбежно приводит к образованию черных дыр.

Чем больше черная дыра, тем сильнее она притягивает окружающую материю и увеличивает свою массу. Чем больше масса черной дыры, тем сильнее ее внутреннее давление. Очевидно, что нейтроны тоже могут быть раздавлены.

Известны преобразования энергии в материю. Например, преобразование квантов в электрон и позитрон. Такие преобразования соблюдают законы сохранения. Это позволяет полагать, что материальные частицы являются сгустками энергии. **То есть, элементарные частицы являются миниатюрными устойчивыми черными дырами.**

Если материя, то есть элементарные частицы являются миниатюрными черными дырами, то сверхвысокое давление разрушает эти черные дыры. Сжатие превращает их в однородную массу энергии. Происходит реакция преобразования материи в излучение, то есть разрушение микро черных дыр или элементарных частиц.

Внутреннее давление электромагнитной энергии пропорционально четвертой степени. Гравитационное давление пропорционально третьей степени. Как следствие черная дыра взрывается. То есть, происходит БВ и новый виток развития локальной вселенной.

Этот взрыв первоначально происходит в некоторой центральной части черной дыры. В пространстве, где превышено допустимое давление. Далее давление взрыва сжимает окружающую материю и взрыв распространяется на некоторое окружающее пространство.

Изложенное позволяет сформулировать основные положения в виде
ТЕОРИИ АБСОЛЮТНОГО ПРОСТРАНСТВА

Результаты теории в значительной мере базируются на умозрительных экспериментах с тремя взаимно перпендикулярными линиями космических аппаратов. Последующий умозрительный эксперимент проведен на одномерной модели. Одномерный эксперимент позволяет представить трехмерный.

Рассмотрим следующий умозрительный эксперимент. Представим линию, содержащую сотни космических станций на расстоянии половины световой секунды. Имеется несколько параллельных линий A, B, C, D, и т. д. слева направо. В каждой станции заложена программа действий. Каждая станция знает свою историю и видит станции своей линии и линий справа, но передает информацию во все стороны. Например, станции в C видят только C, D, E, и т. д., но ничего не знают о станциях из A и B, но A видит все станции и фиксирует информацию от A, B, C, и так далее.

В результате может быть построена система координат неподвижная относительно «неподвижных звезд». Точнее было бы сказать неподвижная относительно кластеров неподвижных вселенных.

Первый Этап Эксперимента.

В некоторый момент все станции кроме A начинают движение вдоль линии A в одном и том же направлении со скоростью .5 c. Затем C, D, и E продолжают движение вдоль A, a F, G, и H начинают движение в противоположном направлении, все скорости равны .5 c

252

относительно B. Далее это повторяется с D и E относительно C и с G и H относительно F. В дополнение, все станции посылают импульсы света в направлении A и в обоих направлениях вдоль своей линии. В импульсах закодированы ID станции, время, энергия, затраченная на ускорение, и другие данные. Станции запоминают полученную информацию. Станции в A накапливают и анализируют собранную информацию. Окончательный анализ производится в центральной системе.

Второй Этап Эксперимента.

Включается система станций, которые движутся перпендикулярно линиям движения станций упомянутых в первом шаге. При прохождении вторых станций вблизи первых со всех станций испускаются лучи света вдоль линий движения первых станций. Наблюдаются и анализируются траектории движения лучей, которые должны быть параллельными. Фактически они двигаются под некоторым углом. Лучи испускаемые со вторых станций отклоняются от лучей испускаемых с первых станций в сторону движения вторых станций.

Результаты подобных экспериментов позволяют утверждать, что существуют:

1. Максимальная абсолютная скорость, равная скорости света в вакууме. С приближением к этой скорости уменьшается размер тел в направлении движения. Одновременно растет плотность. Последнее эквивалентно возрастанию внутреннего давления. Следовательно есть предел скорости, при превышении которого элементарные частицы не могут существовать. Имеется предел стабильности для микроскопических черных дыр.

2. Максимальная скорость зависит от свойств вакуума, которую можно изменять. В зависимости от свойств вакуума в конкретном участке пространства она может быть больше или меньше. Этим объясняется движение после большого взрыва со скоростями недопустимыми в наших условиях.

3. Минимальная скорость равна нулю. Имеется ввиду абсолютная скорость.

4. Масса конкретного тела не может превысить некоторую максимальную величину. Любое дальнейшее увеличение энергии тела (увеличение скорости или температуры) ведет к переходу массы в электромагнитную энергию.

5. Масса тела не может быть меньше некоторой минимальной величины для этого тела. Это наступает при температуре абсолютного нуля и нулевой скорости.

6. Максимальная температура, превышение которой превращает массу в электромагнитную энергию.

7. Минимальная температура или абсолютный ноль.

8. Абсолютное время – время в системе с нулевой скоростью и минимальной температурой.

9. Существует устойчивый ряд состояний энергии или микроскопических черных дыр. Элементарные частицы являются их примером. Видимо может быть построена математическая модель, позволяющая определить эти состояния.

10. Вселенная существует вечно в бесконечном трехмерном евклидовом пространстве. Иными словами, законы сохранения энергии (материи) абсолютны. Они соблюдаются в любой части пространства и на любом отрезке времени.

Перечисленное влияет на некоторые результаты, принятые в физике. Например, невозможность сингулярности в черных дырах. Теория Абсолютного Пространства позволяет фиксировать систему координат в пространстве не привязанную к небесным телам. Однако, эта система косвенно привязана к небесным телам, поскольку ее положение вычисляется относительно этих тел. В этой системе можно определить абсолютные траектории небесных тел.

12. О НЕПРЕРЫВНОСТИ ПРОСТРАНСТВА, ВРЕМЕНИ И ЭНЕРГИИ.

Известно, что энергия измеряется квантами. Наименьшая порция равна произведению Постоянной Планка и частоты. Но это для порции энергии. Справедливо ли это для феномена, называемого энергией?

Для ответа необходимо проанализировать минимально возможное изменение энергии. Это изменение пропорционально минимально-возможному изменению частоты. Оно намного меньше энергии кванта. Можно утверждать, что феномен энергии непрерывен, если частота может изменяться непрерывно. Поскольку частота имеет размерность времени, то энергия будет непрерывной, если непрерывно время.

Это, в свою очередь, требует анализа пространства. Если феномен пространства не непрерывен, то любой отрезок прямой будет иметь конечное число минимальных сегментов или точек. Каждый сегмент (точка) является частью длины отрезка и его координат. Тогда математическая теория чисел будет иметь мало общего с физической реальностью. Но для математика решение очевидно. Математик может посчитать точки в минимальном отрезке и т.д. бесконечно. Это должно быть возможно, поскольку минимальный отрезок основного пространства может трактоваться как вторичное пространство и т.д. Перенумеровывая точки внутренних интервалов, будет получена принятая в математике непрерывная картина. Если эта процедура проделана в реальном пространстве, то оно также окажется непрерывным.

Если существует неделимая минимальная часть пространства, то можно рассуждать о природе этой части. С другой стороны сомнительно, что удастся производить анализ столь малых величин опытным путем. Эта величина на несколько десятков порядков меньше используемых в экспериментах.

В дополнение, должна быть возможность продвижения от начала до конца минимального интервала моментально. Тело должно двигаться с остановками на конце каждого минимального интервала. В противном случае средняя скорость будет либо бесконечной, либо нулевой. В дополнение, если и время дискретно, то необходима постоянная синхронизация пространства и времени.

Проведенные рассуждения позволяют предположить, что феномены пространства, времени и энергии имеют непрерывную структуру.

Проблему можно рассмотреть еще и следующим образом:

ПАРАДОКС ЗЕНОНА: «АХИЛЛЕС И ЧЕРЕПАХА»

После появления теории бесконечных рядов первоначальный смысл парадокса и его обсуждения теряют смысл. Так ли это? И сегодня нет однозначного ответа на вопрос: дискретны или непрерывны пространство и время.

Время. Время измеряется только в смысле последовательности событий. Нет событий и нет измеряемого времени. Если во вселенной все в абсолютном покое относительно друг друга, то нет и измеренного времени. Скорость течения времени определяется часами механизм, которых может быть привязан к маятнику, или к скорости распространения некоторого явления (например, к скорости света в системе, где производятся измерения), или к скорости некоторых биологических процессов (заживление царапины). Все это события.

Говоря о непрерывности времени, имеется в виду принципиальная возможность бесконечного деления интервала времени между двумя событиями.

Пространство. Пространство и любая система координат в нем имеет смысл при описании существования материи (энергии). Как и для времени здесь действуют сравнительные характеристики. Все единицы длины определяются на материальных объектах: и эталон метра и длина волны.

Говоря о непрерывности пространства, имеется в виду возможность бесконечного деления отрезка. Отрезком может быть, например, диаметр отверстия в теле.

Можно сформулировать парадокс Зенона следующим образом:

Теорема. Ахиллес перегонит черепаху в том и только в том случае, если либо пространство, либо время непрерывны. Т.е. если не существуют минимальные отрезки либо пространства, либо времени.

Предположим противное, т.е. что существуют минимальные отрезки и пространства и времени. Для простоты допустим, что скорость Ахиллеса на 10 процентов больше чем скорость черепахи. За минимальный отрезок времени, который одинаков для Ахиллеса и черепахи, каждый из них либо стоит, либо продвигается на минимальный отрезок пространства, который одинаков для Ахиллеса и черепахи. Значит их скорость одинакова. Случай с системой управления, которая помнит через сколько интервалов задержать черепаху на один интервал, исключается.

Мы получили противоречие.

ОБ ОТНОСИТЕЛЬНОСТИ ОДНОВРЕМЕННОСТИ И СКОРОСТИ ТЕЧЕНИЯ ВРЕМЕНИ

Недопустимо в основу физических явлений строить математические модели, использующие бесконечности или нули. Не бесконечно малые или бесконечно большие величины, а именно нули.

Например, относительность одновременности вытекает из закона сохранения энергии (материи), как недопустимость бесконечной скорости.

Умозрительный Эксперимент 1

Представим прямую линию и отметим на ней три точки a, b и между ними точку d. В точке d происходит вспышка. В случае, если свет распространяется с бесконечной скоростью, то он мгновенно доходит до любой точки. В этом случае для наблюдателей в точках a и b вспышка произошла одновременно. Если скорость света конечна, то в зависимости от расстояния до точки d будет меняться время прихода сигнала о вспышке. Следовательно, при конечной скорости света, то есть конечной скорости распространения сигнала в пространстве, меняется представление об одновременности событий для наблюдателей. Это остается в силе и в случае если наблюдатели движутся.

Интересно напомнить, что в школе мы решали арифметическими методами задачи о месте и времени встречи движущихся навстречу друг другу автомобилях. При этом говорили, что скорость сближения автомобилей равна сумме их скоростей. При движении света навстречу поезду мы употребляем те же самые формулы арифметики, и используем величину равную арифметической сумме скоростей. Эта величина больше скорости света.

Однако для вычисления скорости сближения вспышки света и поезда применяется преобразование Лоренца, которое позволяет создать другую систему отсчета. Как отметил А. Эйнштейн «Конечно, это не удивительно, поскольку уравнения преобразований Лоренца выведены с целью удовлетворения этой точки зрения», то есть получения **x = C x t**. См. стр. 39 его книги "Relativity", Three Rivers Press, NY; "Of course this is not surprising, since the equations of Lorentz transformations were derived conformably to this point of view.".

Кто-то в истории науки обладал гениальностью и отметил относительность одновременности. **Тем не менее, это следует из конечности скорости света. Последнее является следствием принятия постулата о законах сохранения.** СТО не выводит, а использует этот факт.

Умозрительный Эксперимент 2

Представим очень длинную железную дорогу. Через малые промежутки на рельсах установлены системы, которые имеют часы, устройства излучения, приема и запоминания сигналов. В памяти записываются такие характеристики, как источник сигнала, имя (номер) сигнала, время его прихода или его излучения.

По этой дороге, назовем ее A, движется с постоянной скоростью слева направо длинный поезд A. На крыше поезда установлены рельсы B и D аналогичные рельсам A. По рельсам B поезд движется слева направо, то есть направления поездов A и B совпадают. По рельсам D поезд движется в противоположную сторону.

Поезда в прошлом стояли неподвижно, и была определена их длина. Все три поезда были одинаковой длины L. Произведен разгон всех трех поездов до релятивисткой (соизмеримой со скоростью света) скорости. Приборы всех путей записали место и время прохождения начала и конца всех поездов, при их движении с равномерной скоростью. По этим записям можно определить длину и скорость поездов относительно системы координат, связанной с каждыми рельсами.

Поезд A движется вправо со скоростью V. Поезд D движется относительно поезда A и рельсов D влево со скоростью W, такой, чтобы он был неподвижен относительно рельсов A. Точно с такой скоростью W, но вправо движется поезд B относительно рельсов B. Напомню, что рельсы B и D жестко связаны с поездом A и неподвижны относительно друг друга. Рисунок не приводится, так как мне кажется, что он мало поможет. Однако если читателю потребуется схема, то он легко ее нарисует.

Согласно Специальной Теории Относительности (СТО), часы в поезде A идут медленнее, чем на рельсах A. Часы в поездах B и D одинаково замедленны относительно часов в поезде A. Однако часы в поезде D, который неподвижен относительно рельсов A, должны совпадать с часами на рельсах A. Пассажиры поезда A будут моложе пассажиров, сидящих на платформе у рельсов A. Пассажиры поездов B и D будут одинаково моложе пассажиров в поезде A. Одновременно, пассажиры поезда D не будут моложе пассажиров, сидящих на платформе. Они неподвижны относительно друг друга и разговаривают через открытые окна.

Умозрительный эксперимент 3

Повторяется эксперимент 2, но поезда A, B и D состоят из вагонов одинаковой длины соединенных раздвижными соединениями. Рельсы B и D состоят из отрезков равных длине вагона, которые соединены раздвижными отрезками рельсов между вагонами.

Разгоняется до постоянной релятивисткой скорости не поезд, а каждый вагон своим двигателем. Имеется система синхронизации разгона и поддержания равномерного движения каждого вагона в поезде.

В этом случае рельсы А неизменны, вагоны поездов могут изменять свою длину в зависимости от их скорости (согласно СТО). Следовательно, может изменяться и длина раздвижных соединений. Этот эксперимент рассмотрен на сайте speculations.us.

Выводы из описанных умозрительных экспериментов очевидны.

13. КНИГА «АНАЛИЗ ТЕОРИИ ОТНОСИТЕЛЬНОСТИ»

В настоящей главе помещены отрывки из книги. Я полагаю, что это поможет или прояснит изложенное в части 1.

СОДЕРЖАНИЕ
(В этой главе все номера
страниц и глав сохранены,
как в книге «Анализ ТО»)

Предисловие {1}
В фигурных скобках даны номера примечаний, которые сведены в главу 17. Примечания книги «Анализ ТО», то есть они находятся в конце главы 13 настоящей книги.

I. ВВОДНЫЕ ПОЛОЖЕНИЯ
1. Системы координат
2. Многомерные пространства
3. О математических моделях
4. Законы сохранения

....
.... (интервалы не включенные в настоящую главу)

"Unless a theory can be explained to a child, the theory is probably useless." - Albert Einstein

Ilya Kogan

ПРЕДИСЛОВИЕ

В настоящей работе проведены умозрительные эксперименты, которые, позволяют усомниться в справедливости аксиом положенных в основу Теории Относительности (ТО). В первую очередь это относится к наиболее важным фундаментальным положениям:

- Постоянству скорости света в любом направлении в любой инерционной системе.

- Справедливости произвольно выбрать неподвижную систему из двух систем, которые движутся относительно друг друга.

Анализ проведенных экспериментов является обоснованием существования абсолютного пространства и абсолютной скорости.

Положения (аксиомы) Теории Относительности введены А. Эйнштейном умозрительно, и их обоснование проводится рассуждениями и умозрительными экспериментами. На основе введенных аксиом построена мощная и стройная математическая модель.

Цель настоящей работы проанализировать некоторые положения, положенные в основу Теории Относительности, то есть базу

269

математической модели, построенной на основе введенных аксиом. С этой целью проведен ряд умозрительных экспериментов. Эти эксперименты либо доказывают неверность, либо ставят под сомнения положения (аксиомы) Теории Относительности.

В работе не рассматриваются математические модели, которые построены на основе положений (аксиом) предложенных А. Эйнштейном. Сомнению подвергаются сами аксиомы. Какие могут быть из этого следствия хорошо известно. Например, известны выводы из критики только одной аксиомы геометрии о параллельных прямых.

Не рассматривается и не ставится вопрос об утверждениях А. Эйнштейна, что некоторая проблема впервые рассмотрена в его работах. Тот факт, что А. Эйнштейн первым рассмотрел некоторые вопросы, не имеет отношения к истинной причине или верности предложенных положений (аксиом). Например, проблема относительности одновременности (подробнее см. {2}. (*В фигурных скобках приведены номера замечаний, которые сведены в отдельную главу* **17. Примечания.** *Напоминаю, что это глава 17 книги, рассматриваемой в настоящей главе.*) не связана и не вытекает из ТО.

Автор полагает, что справедлив закон сохранения энергии – материи {3}. Мои рассуждения, что относительность событий следует из законов сохранения, рассыпаются с введение в рассмотрение возможностей всемогущего Бога, как альтернативы законам сохранения.

Иногда рассуждения А. Эйнштейна в подтверждение ТО кажутся неубедительными. Например, утверждение, что опыт Физо подтверждает формулу сложения скоростей ТО и противоречит формуле Ньютона (смотри {4}).

В работе не используется математика.

Во-первых, я просто не владею необходимым математическим аппаратом. Кроме радиотехнического факультета, который я окончил с отличием, я полностью сдал все экзамены по курсу мехмата университета с уклоном «дифференциальные и интегральные уравнения математической физики» {5}.

Во-вторых, и это главное, я неоднократно слышал от очень уважаемых ученых, что есть разделы знаний, где математика не помогает выяснить суть проблемы. Особо хочу отметить выдающегося математика И. М. Гельфанда, академиков А. Колмогорова, М. Келдыша и В. Глушкова, от которых я слышал подобные утверждения. Возможно, это имел в виду и Альберт Эйнштейн, высказав предложение, вынесенное в эпиграф к этой главе. К сожалению, я не нашел ссылки на оригинал, но Мичео Каку в своей замечательной книге «Физика невозможного» обсуждает это высказывание. «Einstein once said that unless a theory can be explained to a child, the theory was probably useless; that is, the essence of a theory has to be captured by a physical picture. So many physicists get lost in a thicket of mathematics that leads nowhere. However, like Newton before him, Einstein was obsessed by the physical picture; the mathematics would come later. For Newton, the physical picture was the falling apple and the moon. Were the forces that made an apple fall identical to the forces that guided the moon in its orbit? When Newton decided that the answer was yes, he created a mathematical architecture for the universe that suddenly unveiled the greatest secret of the heavens, the motion of celestial bodies themselves. »

На моем сайте {6} был описан ряд умозрительных экспериментов. В этих экспериментах я сделал попытку доказать, что не безразлично какая из движущихся друг относительно друга систем координат может быть принята как неподвижная. То есть, если математическая модель допускает различный выбор, то из этого не следует, что это соответствует реальной действительности и согласуется с ней. Примером может служить симметрия времени в обоих направлениях. Были попытки очень авторитетных физиков доказать, что это, то есть то что допускает математическая модель, соответствует действительности.

На сайте, я пытался пояснить изложение рисунками, но видимо это было неудачно. Сейчас я пришел к выводу, что более понятным будет описание всех условий без применения изображений.

Тема этой работы появилась не сегодня {7}. Впервые я пытался обсудить затронутые в работе темы в 1949 году после курса лекций по основам Теории Относительности. Мне не казались убедительными обоснования, приведенные в лекциях по физике и термодинамике. Мне казалось, что мои доводы верны, хоть они и не находятся в согласии с Теорией Относительности. Например, я предлагал обсудить умозрительные эксперименты типа:

- Параллельного движения светового импульса и пули, которая движется с около световой скоростью.

- О раздвигающихся вагонах поезда движущихся с релятивисткой скоростью.

Наш профессор физики, выслушал меня, но предложил заняться другой темой {8}. Его вскоре сменил профессор Брюханов, настоящий доктор наук по физике. Я обратился к нему, и он сказал, что никогда число 137 его не интересовало. Есть столько интересных тем, например Теория Относительности. Я обрадовался, но, выслушав меня, он дал обширный список литературы, в котором можно было утонуть. Чтение лишь утвердило мои сомнения.

С тех пор и до настоящего времени мне не удалось серьезно поговорить с физиками на эти темы. Мне пришлось говорить, например, с такими выдающимися физиками, как академики Я. В. Зельдович и Векслер и другими авторитетными физиками. Однако мои собеседники избегали обсуждения существа.

…………………………………..
…………………………………..

Далее приведено несколько цитат из книги. Полностью приведена глава **5. О двух гипотезах Теории Относительности (ТО)**. Эти гипотезы, как мне кажется, являются основополагающими в Теории Относительности. В целом ТО построена на умозрительно введённых А. Эйнштейном аксиомах. Эти аксиомы подтверждаются рассуждениями в умозрительных экспериментах.

Тот факт, что ТО, построенная на основе аксиом предложенных Эйнштейном, прекрасно объясняет (совпадает с результатами) многие явления, безусловно, говорит в ее пользу. Тем не менее и теплород и убеждение, что электрический ток течет от плюса к минусу, не мешали плодотворному развитию своих научных направлений.

Одновременно это не противоречит возможности построения другой системы аксиом, которые приведут к тому же результату. Смотри, например, книгу *"Relativity and Common Sense, a New approach to Einstein"* by Herman Bondy, published and republished from 1964 to present time. На русском языке смотри: «*Относительность и здравый смысл*», Г. Бонди, Мир 1967. В этой работе та же модель с формулами СТО получена без использования принципа относительности и преобразований Лоренца {11}.

Полностью приведены раздел 16 Заключение и раздел 17 Примечания. Примечания к книге имеют самостоятельное значение.

5. О ДВУХ ГИПОТЕЗАХ ТЕОРИИ ОТНОСИТЕЛЬНОСТИ

5.1. Причина относительной одновременности событий

Поезд Т1 стоит неподвижно на рельсах R0 платформы. Предполагается, что платформа абсолютно неподвижна и скорость света вдоль R0 в обоих направлениях одинакова. Для настоящего эксперимента нам потребуется один вагон. Далее рассуждения максимально близки по смыслу к проведенным А. Эйнштейном в работе «О СПЕЦИАЛЬНОЙ И ОБЩЕЙ ТЕОРИИ ОТНОСИТЕЛЬНОСТИ». (Смотри Альберт Эйнштейн «СОБРАНИЕ НАУЧНЫХ ТРУДОВ В ЧЕТЫРЁХ ТОМАХ» под редакцией И. Е. Тамма, Я. А. Смородинского, Б. Г. Кузнецова издательство «Наука» Москва 1965, стр. 541 – 544).

В упомянутой работе А. Эйнштейном рассматривается ситуация, когда по краям вагона происходят вспышки молний (световые импульсы). В центре вагона сидит наблюдатель. Далее написано: «**Если наблюдатель воспринимает обе молнии одновременно, то они произошли одновременно**» (стр. 541). То есть не наблюдателю кажется, а в действительности обе молнии произошли одновременно. После этого утверждения проводятся рассуждения в подтверждение справедливости высказывания.

Вопрос серьезный, а приведенная цитата взята не из оригинала, а из переведенной книги. В этой связи я повторю цитату, но из издания, которое редактировал А. Эйнштейн. **"If the observer perceives the two flashes of lightings at the same time, then they are simultaneous."** (p. 26, A. Einstein, "Relativity, The Special and the General Theory", Three River Press New York, 1961).

Представим, неподвижный вагон длиной в световой год. Наблюдатель сидит у передней стенки вагона. Год назад у задней стенки вспыхнула молния. В момент ее подхода к передней стенке вспыхнула молния у передней стенки. Наблюдатель воспринимает обе молнии одновременно. Для него это кажется одновременным, а в действительности?

В неподвижном вагоне длиной в два световых года сидят два наблюдателя, один в центре вагона, а другой у передней стенки. По концам вагона одновременно (согласно синхронизованным часам) вспыхнули молнии. Они будут одновременными для наблюдателя в центре, и между ними будет временной интервал в два года для наблюдателя у передней стенки вагона.

Последнее связано с конечностью скорости света, что является следствием законов сохранения.

Допустим, что в предыдущем случае оба наблюдателя в момент одновременной вспышки молний находились рядом в центре неподвижного вагона. Один из наблюдателей двигался в сторону передней стенки вагона. Его скорость была такова, что он достиг передней стенки вагона одновременно с фронтом вспышки у задней стенки вагона, что произошло через два года после этой вспышки. По дороге от центра к передней стенке он встретил вспышку происшедшую у передней стенки. В этом случае период между вспышками для этого наблюдателя будет более года. Для наблюдателя в центре обе молнии будут одновременными.

Из проведенных рассуждений следует, что принципиальной разницы в отсутствии одновременности в случае двух относительно неподвижных наблюдателей, и в случае наблюдателей движущихся относительно друг друга, или относительно излучателей нет.

Причина все та же – конечность скорости света, которая следует из законов сохранения {2}.

Свершено очевидно, что согласно условиям А. Эйнштейна,

- если наблюдатель увидел обе вспышки одновременно,
- если вспышки произошли в одно и то же время, то есть одновременно,
- если расстояние одинаково (наблюдатель находится по середине),

Тогда импульсы одновременны. Есть кто-либо могущий возразить? Заслуживает это обсуждения?

Получение двух одновременных вспышек мне показалось проблематичным. А. Эйнштейн не поясняет как это сделать. Одновременно именно они (эти две одновременные вспышки) позволяют

278

*рассуждать об относительности
одновременности событий. Я заменил две
вспышки одной (смотри {9}).*

5.2. Одна центральная вспышка света

5.2.1. Вагон стоит

Поезд Т1 стоит неподвижно на рельсах R0
платформы. В предположении, что платформа
абсолютно неподвижна и скорость света вдоль R0
в обоих направлениях одинакова. Для настоящего
эксперимента нам потребуется один вагон. В
рельсах находятся перекладины на одинаковом
расстоянии, в одну световую секунду, друг от
друга. Левая перекладина номер P0. Вправо
(вперед) номера перекладин P1, P2, …. Левая
стенка вагона обозначена как P1b, а правая как
P1f. Когда центр вагона (точка P1c) совпадает с
точкой P24, то передняя стенка совпадает с
перекладиной P48, а задняя стенка вагона (точка
P1b) с точкой P0. То есть вагон длиной в 48
перекладин (световых секунд).

На центральной перекладине P24, то есть на
неподвижных рельсах R0, в некоторый момент
одновременно излучаются два световых импульса
в противоположных направлениях. Это
эквивалентно одному импульсу, который виден с
двух сторон {9}. Очевидно, что оба импульса по
показаниям синхронизированных часов достигнут

279

начало и конец вагона, как и перекладину P0 и P48 одновременно.

5.2.2. Вагон движется вправо равномерно, измерения производятся по часам рельсов

Отличие от условий пункта 5.2.1 в том, что вагон движется равномерно вправо. Вопрос о сокращении длины вагона в данном случае несущественен. Если длина вагона сократилась, например в два раза, то впредь в системе рельсов будут рассматриваться не 48 интервалов, а 24.

В некоторый момент времени, когда центр вагона P1c совпадает с точкой P12, зафиксированы перекладины P0 и P24, над которыми находятся начало P1b и конец P1f вагона. В этот момент центральная перекладина этого участка, то есть излучатель на неподвижных рельсах в точке P12, излучает импульс, который распространяется в противоположных направлениях. Очевидно, что на неподвижных рельсах импульсы достигнут его концов через одинаковые интервалы времени, которые обозначим как tr0.

Приборы рельсов запомнят по часам рельсов интервал времени tf0 достижения передней стенки вагона (P1f) импульсом света, движущимся вперед по ходу поезда. Будет запомнен и интервал времени достижения задней стенки P1b вагона tb0, движущейся навстречу импульсу света.

Через интервал времени tr0, когда импульс света достигнет правого конца интервала рельсов, то есть точки P24, передняя стенка вагона P1f окажется правее и потребуется некоторое время для ее достижения. По этой причине tf0 > tr0. При движении влево импульс света встретит заднюю стенку вагона P1b раньше перекладины P0 - начала интервала, и tr0 > tb0.

Таким образом, tf0 > tb0 и с позиций рельсов сигналы, одновременные в покоящейся системе, оказались не одновременными для движущейся системы согласно часам рельсов.

Для полученного результата вполне достаточно того, что точки, в которых фиксируется прохождение световых импульсов, переместились за время эксперимента. Последнее следует из конечности скорости света. Это в свою очередь следует из закона сохранения энергии – материи. Если бы свет распространялся с бесконечной скоростью, что возможно в системе созданной и управляемой всемогущим Богом, который вне Природы, то одновременность не была бы нарушена.

5.2.3. Измерения производятся по часам вагона

В этом разделе проводится эксперимент с рассуждениями, основанными на здравом смысле.

Однако, автор не доверяет этому, и в следующем разделе проведено повторное рассмотрение ситуации, но на основе преобразований Лоренца.

Условия те же, что и в пункте 5.2.2. Предполагается:

1. Что все часы вагона идут с одинаковой скоростью.

2. Что все часы на рельсах идут с одинаковой скоростью. Часы рельсов синхронизированы, то есть их показания в любой момент времени одинаковы.

3. Если скорость течения времени в движущемся вагоне отличается в k раз, то этот коэффициент постоянен при постоянной скорости вагона.

4. Длина вагона равна 24 промежуткам между перекладинами при измерении в системе неподвижных рельсов, то есть 24 световые секунды. Длины обеих половин вагона равны, то есть по 12 промежутков.

5. Скорость вагона (для определенности) равна 0.5 скорости света.

6. Фронт любого импульса света можно наблюдать как в системе координат рельсов, так и в системе координат вагона. Он всегда будет

виден, всеми наблюдателями (в данном эксперименте регистрирующими приборами), в одном месте, то есть на одной вертикальной линии и в одной точке этой линии.

Допустим, что часы в движущемся вагоне идут медленнее часов платформы в k раз. Пусть записаны показания часов вагона t1.1g в некоторой точке вагона Cg и показания часов рельсов t0.1g1 в точке рельсов Rg1, которая находится под точкой Cg в этот момент. Через некоторое время поезд продвинется по рельсам. Снова записаны показания часов t1.2g в той же точке Cg вагона, то есть тех же часов, и показания часов рельсов t0.2g2, в точке Rg2, которая находится под этой точкой. Тогда можно полагать, что

$$(t0.2g2 - t0.1g1) = k(t1.2g - t1.1g).$$

Далее получаем при v примерно, например, 0.5c.

Импульс стартовал над перекладиной P12 на рельсах. В этот момент там была точка P1c вагона. Передняя стенка вагона была над перекладиной P24. Импульс достигнет передней стенки вагона, когда она будет над перекладиной P36. То есть продвинется вперед на 12 перекладин. Напомню, что импульс света за это время продвинулся вперед на 24 перекладины. Пусть

QUANTUM COMPUTER IS A MIRACLE

часы у передней стенки вагона изменили свои покаяния на t1f. То есть t1f это интервал времени по часам вагона, который прошел от старта импульса на перекладине P12 у центра вагона, до достижения импульсом передней стенки вагона у перекладины P36. Часы на перекладине P36 рельсов, показывают на t0f больше, чем показывали часы перекладины P24, когда над ними была передняя стенка вагона. В этом случае должно быть t0f = k t1f.

Импульса света, движущийся назад, встретит заднюю стенку у перекладины P4. То есть задняя стенка продвинется вперед на 4 перекладины, от P0 до P4. На рельсах это будет интервал t0b. Поскольку по часам рельсов t0b = k t1b, то t0b < t0f.

Следствием является сохранение соотношения t1f > t1b в вагоне, если все величины измерены по часам вагона. Это не зависит от величины коэффициента k, величина которого остается постоянной, если не изменяется скорость.

Таким образом:

- Если в центре интервала неподвижной системы координат посланы импульсы света излучателем на неподвижной системе в направлении концов интервала.

- И если в момент посылки импульсов, совпадают центр и концы интервалов неподвижной системы, и движущейся относительно нее с постоянной скоростью системы.

То приход импульсов по часам неподвижной системы будет одновременен в неподвижной системе. **В движущейся системе приход импульсов к ее концам не будет одновременным как по часам неподвижной системы, так и по часам движущейся системы.**

Последнее позволяет заменить две молнии, по концам интервала, использованные Эйнштейном, одной вспышкой в центре. Это снимает проблему получения одновременных молний. Одновременно не требуется определение А. Эйнштейна об одновременности событий. **Почему это важно, потому что введенное Эйнштейном определение одновременности базируется на одновременности двух импульсов. Одновременность этих импульсов не имело определения, которое дано позже и на их основе.**

Проведем еще одно рассуждение, но не для стенок вагона, а для импульса света. Импульс стартует на рельсах у центра вагона (перекладина номер 12) и движется к передней стенке. Согласно часам рельсов он движется 24 секунды к перекладине номер 36. Допустим, что фронт импульса имеет часы, которые идут со скоростью часов вагона и в момент старта импульса показывали время 0. Часы импульса покажут время отличное от 24, если скорость течения времени в вагоне отличается от скорости течения времени на рельсах. Это время будет пропорционально длине интервала пройденного фронтом импульса вдоль рельсов.

Поскольку интервалы, пройденные импульсами, движущимися к передней и задней стенке различны, то и полученное выше неравенство сохранится. Тем не менее, смотри раздел 15.

5.2.4. Измерения в поезде производятся по часам поезда; используются преобразования Лоренца

………………………………………
………………………………………

5.2.5. Соотношения в системе вагона для импульсов от излучателя в системе вагона

В настоящем эксперименте рассуждения базируются на положении лежащем в основе Специальной Теории Относительности.

Согласно *основополагающей гипотезе* (ОГ) СТО внутри движущегося вагона должен быть получен такой же результат измерений, как и внутри неподвижного вагона, поскольку

286

скорость света в движущемся вагоне постоянна во всех направлениях, то и время, за которое световой импульс проходит одинаковые расстояния в любом направлении, одинаково.

Вагон движется по неподвижным рельсам равномерно вправо. Экранированы все детали рельсов R0, то есть невозможно видеть перекладины рельсов R0 из вагона. В вагоне вообще неизвестно о его движении. Виден только фронт светового импульса, который излучен в вагоне и движется вдоль вагона.

От центра вагона до его концов расстояния одинаковы. Согласно ОГ СТО скорость света во всех направлениях также одинакова. Следовательно, по часам вагона, интервалы времени t1f и t1b, за которые фронт световых импульсов достигнет стенок вагона, одинаковы, то есть **t1f = t1b**. Этот вывод противоречит результату предыдущих экспериментов, проведенных в параграфах 5.2.3 и 5.2.4, где **t1f > t1b**.

Казалось бы, мы рассматриваем две несовместимые ситуации. В параграфах 5.2.3 и 5.2.4 рассматривался импульс света, излученный на рельсах, а в параграфе 5.2.5 рассматривается луч, излученный в вагоне.

Согласно ТО это не должно иметь значения. **Из формулы сложения скоростей ТО следует, что луч, излученный в вагоне, будет двигаться**

вдоль рельсов со скоростью света. Таким образом,

- Если два импульса стартовали одновременно, один от источника на неподвижных рельсах, второй от источника в движущемся по ним вагоне.

- Если они стартовали из одной точки (на одной вертикали).

То фронты этих импульсов будут постоянно находиться в одной точке (на одной вертикали). То есть безразлично какой импульс рассматривать.

5.3. Теорема об основополагающем принципе теории относительности

В рассуждениях, проведенных в параграфах 5.2.2, 5.2.3, 5.2.4 мы получили противоречие с результатами параграфа 5.2.5, что доказывает следующее положение,

Теорема. *Основополагающая гипотеза Специальной Теории Относительности неверна.* {11}

Теорема была получена, в первую очередь, благодаря следующему:

- Замене двух одновременных молний, которые использованы Эйнштейном, одним импульсом в центре вагона.

- Использованию совместно результатов формулы сложения скоростей ТО и преобразований Лоренца.

Я повторю. Введенное Эйнштейном определение одновременности базируется на одновременности двух импульсов. Одновременность этих импульсов не имело определения, которое дано позже и на их основе. Это содержит противоречие.

В последующих разделах проведены дополнительно умозрительные эксперименты, которые позволяют сделать вывод о справедливости теоремы и возможно прояснить проблему.

....
....

16. ЗАКЛЮЧЕНИЕ

Общие положения

1. В работе приведены доводы невозможности существования более чем трехмерного пространства. Например,

пространство Минковского является удобной моделью для рассмотрения процессов во времени.

2. Сформулировано следствие из теоремы Геделя о том, что математика допускает возможность построения неограниченного числа моделей описания Природы. Из этих моделей предпочтение должно быть отдано тем, посылкой для которых являются результаты экспериментов.

3. Если верны и действуют законы сохранения, то пространство и время вечны. Рассеянная в пространстве энергия (материя) неуничтожимы и вечны.

4. Фотон, как и любое макроскопическое материальное тело, обладает массой. Как следствие, ему сообщается скорость источника излучения. Так же как и другие тела в движущихся системах.

Причины явлений и их обоснование

5. Показано, что относительность одновременности вытекает из конечности скорости света {2}. Последнее следует из законов сохранения {3}.

6. Высказано и обосновано предположение, что опыт Физо не имеет отношения к верности формулы сложения скоростей ТО (см. {4}). Из этого вытекает возможность существования, и

создания, условий изменения скорости света в вакууме.

Положения Теории Относительности

7. Формула ТО сложения скоростей приводит к противоречиям при сравнении движения материального тела и импульса света (см. раздел 13).

8. Возможность произвольно выбрать неподвижную систему из двух систем, которые движутся относительно друг друга, приводит к противоречиям.

9. Постоянство скорости света в любом направлении в любой инерционной системе, приводит к противоречиям.

10. Анализ проведенных экспериментов является обоснованием существования абсолютного пространства и абсолютной скорости.

11. Существует абсолютно неподвижная система координат. Это позволяет построить абсолютную траекторию движения тел в этой системе координат. Из этого не следует, что можно фиксировать некоторую точку абсолютного пространства.

17. ПРИМЕЧАНИЯ

1. Книга содержит текст на двух языках, английском и русском. Это сделано по следующим соображениям.

Я вышел на пенсию в 1999 году. С тех пор я почти не разговариваю на английском языке. Естественно это отражается на владении языком. Если я пишу на русском языке, то у меня нет проблемы подбора необходимых слов. Мне необходимо уделять внимание только смысловому содержания текста. Оказалось, что для меня легче и быстрее написать текст на русском языке и перевести его на английский язык. Это не дает высокое качество английского текста, но оно лучше, чем текст, написанный мною по-английски. Так мне говорят люди, владеющие английским языком в совершенстве.

Во-вторых, тема серьезная и с претензией. При неточностях перевода, возможно искажение смысла. В этом случае имеется возможность сверить текст с первоисточником.

В работе иногда использован знак «*» как знак умножения, и знак «^» как показатель степени.

2. На страницах 543 – 544 работы «О СПЕЦИАЛЬНОЙ И ОБЩЕЙ ТЕОРИИ ОТНОСИТЕЛЬНОСТИ», (Смотри Альберт

Ilya Kogan

Эйнштейн «СОБРАНИЕ НАУЧНЫХ ТРУДОВ В ЧЕТЫРЁХ ТОМАХ» под редакцией И. Е. Тамма, Я. А. Смородинского, Б. Г. Кузнецова издательство «Наука» Москва 1965, стр. 541 – 544). А. Эйнштейн проводит умозрительный эксперимент, в котором длинный поезд движется по неподвижным рельсам и пишет: «До появления теории относительности физика молчаливо принимала, что указания времени абсолютны, т. е. не зависят от состояния движения тела отсчета. Но мы только что видели, что это предположение несовместимо с наиболее естественным определением одновременности». Как показано в эксперименте раздела 5.1 «Причина относительной одновременности событий», такое представление одновременности событий вытекает из конечности скорости света. Первую оценку скорости света дал Олаф Ремер в 1676 году. Это более 200 лет до появления Теории относительности.

Приведенная цитата может пониматься как утверждение А. Эйнштейна, что никто, с момента появления научного подтверждения, что свет движется с конечной скоростью, не связал это с относительностью одновременности. Подчеркну, что это (относительность одновременности) верно, как показал эксперимент раздела 5.1, как в неподвижной так и в подвижной системе координат.

3. Одним из первых сформулировал *закон сохранения материи* древнегреческий философ Эмпедокл (V век до н. э.): «Ничто не может произойти из ничего, и никак не может то, что есть, уничтожиться».

Позже аналогичный тезис высказывали Демокрит, Аристотель и Эпикур (в пересказе Лукреция Кара). Средневековые учёные также не высказывали никаких сомнений в истинности этого закона. В 1630 году Жан Рэ (Jean Rey, 1583—1645), доктор из Перигора, писал Мерсенну: «Вес настолько тесно привязан к веществу элементов, что, превращаясь из одного в другой, они всегда сохраняют тот же самый вес» (материал взят из Википедии).

Все это находится на интуитивном уровне, по сей день. Однако альтернатива закону сохранения материи (энергии) единственная – всемогущий, всезнающий, вездесущий и всевидящий Бог. Не важно, как широко допускается отклонение от законов сохранения. Это может быть ничтожно малое время в ничтожно малом объеме для туннельного эффекта. Это может быть огромный Мальтиверс. Это может быть волшебная сказка. Альтернатива единственная, либо всеобъемлющие законы сохранения, либо всемогущий, всезнающий, вездесущий и всевидящий Бог.

4. Альберт Эйнштейн интерпретировал результат эксперимента Физо, будто он противоречит формуле сложения скоростей Ньютона и подтверждает релятивистскую формулу сложения скоростей. Можно интерпретировать упомянутый результат как не имеющий отношения к обеим формулам. Отвергнув слово эфир, и заменив его словом вакуум с определенными свойствами (то есть средой с другим названием), было отвергнуто и существование эфирного ветра. Но вот «водяной ветер» в опыте Физо, допускается.

Условия эксперимента Физо можно интерпретировать следующим образом:

Присутствие воды в пространстве (вакууме) изменяет некоторые его (вакуума) свойства, как например диэлектрическую и магнитную проницаемость. Это влияет на скорость света в вакууме. То есть, свет распространяется в среде с другой скоростью, поскольку, благодаря присутствию воды, среда имеет другие свойства. При такой точке зрения, следует говорить о скорости света в вакууме в присутствии воды.

Другими словами, скорость света не имеет ничего общего со скоростью воды. *Интересно, что те же люди, которые верят, при интерпретации эксперимента Физо, в «водяной ветер», отрицают идею влияния на скорость света эфирного или воздушного ветра.*

Приведенная точка зрения говорит в пользу непостоянства скорости света в вакууме и возможности ее изменения путем воздействия на вакуум – среду распространения света.

Это позволяет объяснить возможность расширения вселенной на ранней стадии со скоростью выше скорости света в современном вакууме. В высокотемпературной плазме при огромном давлении свойства вакуума (диэлектрическая и магнитная проницаемости) могут быть другими. Например, скорость света, в некоторых условиях, может быть в десять миллионов раз больше скорости света в существующих условиях. Это может быть вызвано огромной плотностью вещества и огромным давлением. Движение со скоростью равной 1000 скоростей света в современных условиях, но в 10000 раз ниже предельной скорости, в тех конкретных условиях, будет допустимо. Напомню, что речь идет о пространстве, в котором мгновение назад произошел Большой Взрыв.

5. В прошлом я видимо освоил предмет, так как все оценки были отлично, однако … уже прошли многие десятилетия, и многое стало иначе. В те годы я стоял на одной руке на перилах балкона увереннее, чем сейчас стою на двух ногах на полу. К сожалению, остались только фотографии. Их мало, поскольку в те далекие годы (1949 год) в студенческом общежитии фотоаппарат был большой редкостью.

6. С появлением Интернета я стал записывать свои соображения на моем сайте **speculations.us**, где их можно прочесть.

7. Мои вопросы выслушивались преподавателями с раздражением.

Я не мог понять, почему в мире преобладают явления увеличивающие неупорядоченность, то есть энтропию. Ведь единственная действительно вездесущая сила, это сила гравитации. Но эта сила создает упорядоченность. То есть я протестовал против трактовки понятия энтропия.

Я протестовал против формулы сложения скоростей в Теории Относительности. Она в моих примерах приводила к противоречиям.

Система, объединяющая преобразования Лоренца с основополагающими положениями ТО, введенными Эйнштейном, мне казалась противоречивой.

И так далее и тому подобное.

Первое и единственное документальное подтверждение, что я высказывал подобные идеи задолго до изложения их в Интернете, у меня появилось в 1967 году. Один из журналов вернул мою заметку с отказом в публикации. На возвращенной рукописи стоит печать журнала с датой. Резолюция была следующей, журнал не видит срочности в публикации материала и предлагает послать материал в другой журнал.

8. Профессор физики, Приблуда, сформулировал тему как «Безразмерное число 137». Он дал мне список литературы, но даже в библиотеке с обязательным печатным экземпляром ни одного наименования из списка не было. Через некоторое время профессор Приблуда был переведен в доценты и затем исчез. Говорили, что он в прошлом был раввином и физику никогда не изучал. Тем не менее, его лекции отличались ясностью и полнотой изложения материала.

9. По-видимому, существуют трудности получения двух одновременных молний. По этой причине я решил их заменить одной центральной вспышкой. В этом случае одновременность прихода света к концам вагона определяется по часам. То есть наблюдатель не требуется.

Позднее я обнаружил, что Ландау тоже использует одну центральную вспышку для объяснения отсутствия одновременности событий. Из этого я заключил, что и у Ландау возникли сомнения в определении одновременности событий, которое сформулировал А. Эйнштейн. Причины, почему Л. Ландау не написал этого, очевидны.

Увидев фото «язык Эйнштейна», мне пришло в голову, что и сам А. Эйнштейн это заметил. Однако, отступать было поздно, и он показал всем язык.

10. Необходимость специальной (не евклидовой) системы координат для Общей Теории Относительности А. Эйнштейн объясняет на примере вращающегося диска, где изменяется геометрия. Изменение геометрии объясняется известными положениями из Специальной Теории Относительности. В этом случае изменение геометрии, по утверждению А. Эйнштейна, не кажущееся, а реальное.

Следовательно, перенос начала координат не безразличен. Однако, в этом случае движение не равномерное и не прямолинейное, то есть утверждение об изменении геометрии требует дополнительного обоснования, кроме положений Специальной Теории Относительности.

Хочу еще раз подчеркнуть, что математический аппарат, построенный на основе введенных аксиом, не может дать дополнительное обоснование. Это верно и в том случае, если построенная математическая модель дает результаты, совпадающие с экспериментом. А.

Эйнштейн подтверждает это. Например, о преобразованиях Лоренца он сказал, «Конечно, это не удивительно, поскольку уравнения преобразований Лоренца выведены с целью удовлетворения этой точки зрения», то есть получения $x = C \times t$. См. стр. 39 его книги "Relativity", Three Rivers Press, NY; "Of course this is not surprising, since the equations of Lorentz transformations were derived conformably to this point of view.". По-видимому, можно вывести преобразования координат в предположении верности других гипотез.

11. Это не отвергает полностью математическую модель СТО, которая объяснила так много явлений. Например, теплород исчез, но плодотворная модель теплообмена сохранилась. Однако ... Почти та же модель с формулами СТО получена без использования принципа относительности и преобразований Лоренца в книге "*Relativity and Common Sense, a New approach to Einstein*" by Herman Bondy, published and republished from 1964 to present time. На русском языке смотри: «*Относительность и здравый смысл*», Г. Бонди, Мир 1967. Подробнее, почему это удалось, смотри в моей заметке «Смешные до абсурда» на сайте http://speculations.us/InIndex/Physics_R/Ridiculo us_R.htm

12. В литературе описаны воспоминания А. Эйнштейна, как он хотел увидеть неподвижный луч света, который движется рядом с автомобилем, движущимся со световой скоростью. Оказалось, что согласно господствующей математической модели это невозможно. То есть, предполагается, что математическая модель первична, а Природа вторична.

Утверждается, что фронт лучей, одновременно стартовавших рядом, в вагоне и на неподвижных рельсах будут все время рядом. Для одновременно стартовавших снарядов это не так. Они будут удаляться друг от друга с огромной скоростью.

Снаряд, движущийся в вагоне в сторону противоположную движению вагона со скоростью в точности равной скорости вагона, неподвижно зависнет над рельсами. Это согласно модели ТО. Однако, согласно той же модели ТО, при малейшем неравенстве скоростей, снаряд сорвется с места.

13. Читатель может заинтересоваться технологией создания подобных экспериментальных систем. Для этого я отправляю его к работам А. Эйнштейна и других авторов, которые многие десятилетия пользуются подобными системами.

14. В Теории Относительности утверждается, что в направлении движения сокращается длина движущегося объекта. Имеется в виду объект, который принят (произвольно) как движущийся. Одновременно утверждается, что близнец из путешествия вернется более молодым относительно (принятого произвольно) неподвижного. Такой произвол не могут допустить серьезные авторы. Они пытаются найти выход.

Например, в одной из самых значительных книг по физике «Теория поля» Ландау и Лифшиц на странице 23 читаем «... Всегда окажутся отстающими те часы, которые сравниваются с разными часами в другой системе отсчета». А если поезд движется вправо, встречает поезд, движущийся влево, и обменивается с ним временем? - Все будет наоборот. Приведенная цитата не объясняет положение.

15. В физике иногда вводятся подобные абсурдные запреты. Например, для предотвращения парадоксов при путешествии во времени предполагается существование запрета на убийство своих родителей. Однако это не устраняет парадоксы. Здесь необходим запрет на убийство любых родителей. Таким образом, чтобы избежать явных нелепостей предполагается, что существует система или существо, которое все знает и всем управляет. Не важно, что авторы не упоминают этого явно, смысл запретов именно таков.

16. Постоянство направления оси гироскопа является следствием первого закона Ньютона. Это, в свою очередь, следует из законов сохранения.

17. Обоснование существования бесконечного пространства с рассеянными в нем локальными вселенными дано в работе «**МОДЕЛЬ ВСЕЛЕННОЙ**». В настоящую   книгу оно включено.

18. Существующая гипотеза о единственности нашей вселенной не согласуется с законами сохранения. Отказ от законов сохранения равносилен допустимости существования всемогущих сил, как, например, Бога.

19. Очень много раз я обсуждал, вернее, пытался обсудить, этот пример. Это было еще в студенческие годы. Было и с использованием поезда с вагонами и линии из штрихов. Студенты со мной соглашались. Видимо из доброжелательности. Преподаватели повторяли в разных вариантах что-то вроде. В ваших рассуждениях видимо есть ошибка, Ведь предмет анализировался многократно крупными учеными. Прочтите эту книгу, в ней много задач. Потом мы продолжим разговор.

Кроме учебы, я работал, и времени было мало. В 1950 году окончился курс вводных дисциплин, как математика, физика и т.п. Начались специальные дисциплины, как теоретическая радиотехника или распространение радиоволн. Появились другие интересы как, например, участие в монтаже любительского телецентра.

Ilya Kogan

ЧАСТЬ 4

14. МОЙ ПУТЬ В ДИАГНОСТИКУ

Я помещаю этот раздел, поскольку хочу обратить внимание, что есть жизненные пути, отличающиеся от американского. Что не все имели несчастное детство, такое как многие американцы, и которым за это прощают любые преступления.

Самое большое неравенство граждан в социалистических странах. Но и в США есть проблемы с неравенством. Страна с этим не совсем успешно борется. Например,

1. Все еще недостаточно шикарных номеров (по крайней мере, мне в Советском Союзе очень редко случалось жить в таких номерах) в гостиницах расположенных в лучших районах городов. А число бездомных, для которых нужны эти номера растет. Я понимаю тех, кто на полном обеспечении налогоплательщиков (работающих дураков), которым недоступны подобные условия жизни, не пытаются найти работу.

2. Все еще недостаточно средств для оплаты полного медицинского обеспечения тем, кто никогда в жизни не работал. Вот мне, и миллионам, которые это оплачивают, такое медицинское обеспечение недоступно. Нам недоступны такие спортзалы с набором дорогих процедур и бесплатным питанием.

И т.д., и т.п.

В 1986 году мы жили в Италии. Там были забастовки под лозунгом «Хотим, чтобы нам давали мясо раз в неделю!» Эти дурни не поняли, что они требовали. Они слышали от временно живших там бывших граждан СССР, что мясо давали раз в неделю. Они не знали, что «давали» это значило, что:

- Нужно было в 6 утра занять у магазина очередь.

- Если к 10 утра привезут мясо, а это случалось не каждую неделю, то к 14, если оно не кончится, то ты его купишь. Была норма, сколько один человек может купить.

- Мясо (вернее кости) такого отвратительного качества в Италии нигде не продавалось. На рынках, специально для «советских» продавалось по низким ценам мясо, которое до нашего появления никто не покупал. Мы считали его прекрасным.

И все же, через год после моего приезда в США я уже ехал на работу в хорошей одежде. В 1987 году в Нью-Йоркском метро попрошайки ходили вереницей и требовали, именно требовали, милостыню. Один молодой и здоровый детина громко стал меня отчитывать, что я так хорошо одет и не даю ему денег. Люди смотрели на меня осуждающе. Я ответил громко, что я меньше года в США и приехал в 58 лет почти без знания языка. Если бы он со своим хорошим английским приложил столько труда на поиск работы и на подготовку к ней, то он был бы богаче Трампа. Пассажиры были явно не на его стороне.

Слово богатые относительно. Я с женой в СССР имели доход почти в 3 раза выше среднего. Ученые имели там высокие зарплаты. Однако, уровень жизни американца, получающего вэлфер, был для нас недоступным богатством.

В 1934 году умер мой отец, мне было четыре года. Я, мама и брат жили в небольшой полуподвальной комнате в городе Николаеве. Старший брат учился в Киеве. Мама уходила на работу когда мы еще спали, и возвращалась поздно очень уставшая. Все заботы по хозяйству брат переложил на меня: уборку, чистку и растопку печки зимой, и даже приготовление пищи. Но я гордился им, восхищался и любил его. Он был капитаном уличной футбольной команды, великолепно дрался, был чемпионом города по плаванию и по шахматам среди подростков. Я был единственный из младших братьев в их «взрослой» компании. Мне доверяли место вратаря, и я участвовал в их шахматных турнирах. Футбольный мяч был из старого чулка наполненного сухой травой. Шахматные фигуры были из старых катушек и веточек, доска была нарисована на старой газете. Эти несчастные американские дети не представляют, что можно играть ненастоящим мячом и без специальной обуви, какие «несчастные»!

Читатель может понять, как я воспринимаю выступления американских юристов, оправдывающих своих подзащитных-преступников их несчастным детством. Подчеркну, что в моем окружении было много таких как я.

Нам не хватало всего, но мы не голодали. Отмечу, что даже голодомор не касался городов. Им душили сельское население, которому доступ в города был закрыт армией. Но были и светлые стороны. Хозяйкой нашего дома была Мария Львовна Де Ля Кур. Говорили, что в молодости она была красавицей, и дом ей подарил Городской голова. Еще во дворе жили: Дина Яковлевна Заславская, дети которой были в Америке. Историк Владимир Вячеславович с женой – тетей Дусей. Инженер Антон Яковлевич Карно с женой врачом Софией Соломоновной, которая мне всегда выписывала при ангине очень вкусные лекарства. Я был на всех один ребенок.

QUANTUM COMPUTER IS A MIRACLE

В Николаеве жила мамина сестра с мужем, и у них тоже не было детей. Дядя Сережа задаривал меня великолепными конструкторами и разными наборами инструментов. Еще он дарил прекрасные книги и выписывал мне газеты и разные издания типа «Для умелых рук». Бесцельных дешевых игрушек он никогда не дарил. Пользоваться инструментами мне помогал Антон Яковлевич, а если были трудности с содержанием книг, то Владимир Вячеславович.

Я постоянно разбирал нашу швейную машину и часы. Наконец у меня при сборке перестали оставаться лишние детали, но часы шли неверно, пока А. Я. не объяснил, что это зависит от длины маятника. Еще я мастерил и починял соседям все что возможно. Все были довольны, кроме хозяйки. Летом гостил ее внук Миша, и мы, наряжаясь индейцами, гоняли ее кур. Летом я питался шелковицей и часто проводил весь день на деревьях. Была одна неприятная обязанность, обойти улицы и собрать лошадиный и коровий навоз. Из него с угольной крошкой лепили лепешки, которыми топили зимой.

И все же, мне было лучше, чем многим моим сверстникам. Сад, весной утопающий в разноцветной сирени и других цветущих кустах и деревьях. Три огромных шелковичных дерева кормивших нас два месяца. Перепадало кое-что с абрикос и яблони. И вяз с расходящимися тремя стволами, с ветками гибкими как веревки, с огромной густой кроной. Там были наши шалаши, индейские наряды и луки. Там я привязывал хитроумными узлами моего 10 - летнего брата, завешивал окна и закрывал двери. Я делал шахматный ход и выходил сказать ему. Но в первую очередь проверял, как он привязан. Я проигрывал и недоумевал, как ему удается так быстро развязаться, подсмотреть позицию и снова залезть и привязаться. Что можно играть «в слепую» я не верил.

Братья отказались читать о папе заупокойную молитву. Что скажут в школе?! Это делал я, и ребе мне рассказывал разные истории. Он мне рассказал, что Бог отпустил царю 120 лет жизни, но царь решил удвоить этот срок, бодрствуя ночью. Бог пришел к царю через шестьдесят лет и сказал, что время жизни кончилось. Я стал доказывать, что если долго не спать, то и 60 лет не проживешь, что Бог и так слишком поздно пришел. Но меня стал беспокоить вопрос о том, что будет, если память (голова) переполнится. Увидев у А.Я. новый радиоприемник, я уже не имел сомнений, что все вопросы с коробочками дополнительной памяти и их подключения к голове решены. Но как их удобно подвесить на затылке?

В брошюре было описано, как смастерить электромотор и динамо - машину. На якоре можно было сделать либо две катушки, либо четыре. Я решил сделать мотор с двумя катушками и пусть он крутит динамо с четырьмя. Далее будут крутиться два мотора с двумя катушками, и т.д. Электрического освещения у нас не было, поскольку это было дорого. От динамо не крутились два мотора. А. Я. сказал, что виновато трение и нужны шарикоподшипники. Он был механик. Через годы я узнал, что мастерил вечный двигатель.

Поступая в школу, я уже выучил вместе с братом программу первых четырех классов. Он делал домашние задания со мной, то есть решал задачи, учил стихи, географию и все остальное.

Один школьный учитель, узнав, что я хорошо решаю задачи, давал мне задачи из специального сборника. Какая-то задача о греческой армии требовала 18 вопросов (шагов) для решения. Я ее решил, но ответ не совпал с книгой. Я настоял, что мой ответ верен и он, подумав, сказал, что мы оба правы. Так я впервые столкнулся с тем, что определяется как неоднозначность решения.

Еще более я был поражен, когда, действуя строго по заводской инструкции, получал неправильную настройку фрезерного станка и инженеры оказались бессильны. Это было в 1943 году, я работал фрезеровщиком на ферганском текстильном комбинате. Работа была неделю с 7 утра до 7 вечера и неделю с 7 вечера до 7 утра без выходных и 30 минут на еду, которой практически не было. Большинство токарей и других были такие же подростки (скорее дети) как я. Текстильное оборудование на фабрике было импортное, и там использовались другие системы измерения, а станок был советский. Но мне удалось изготовлять хорошие шестерни, а не брак.

Жили мы в поселке при текстильном комбинате. Поселок состоял, в основном из бараков. Барак, это длинный сарай в котором было примерно 15 небольших комнат. Каждая комната имела дверь на улицу. Перед каждым бараком был водопровод и туалет. В этот грязный туалет часто была очередь. Большинство пользовалось ведрами, которые стояли в комнате. Нам это было невозможно. В комнате жили мама с взрослой дочкой. Они пережили ленинградскую блокаду и только двое остались живы из большой семьи. Остальные умерли от голода. Они рассказывали о жизни в блокаду. Еще в комнате жила женщина из Одессы и я с мамой.

Были и другие неприятности. Я болел тропической малярией. Но на работу должен был ходить. По дороге меня караулили маленькие антисемиты, чтобы поиздеваться над «жиденком», например разбить нос.

QUANTUM COMPUTER IS A MIRACLE

В 1944 году мы вернулись в Николаев. Я пошел учиться в Вечернюю школу. Об этом меня просил брат в последнем письме с фронта. Он обещал прислать свой офицерский аттестат, прибыла «похоронка» с его орденами. Ему было 19 лет.

Пошел не в пятый класс, как следовало по образованию, а как следовало по возрасту в восьмой. Рядом с уставшими взрослыми, при полном отсутствии учебников и тетрадей я со своей молодой памятью учился блестяще. Правда, по окончании школы мне золотую медаль не дали. Когану (еврею) и золотую медаль! Директор сказал, что ему приказали поставить четверки по своему выбору и дать простой аттестат.

В институте стало еще интересней. Я узнал, что в мире постоянно возрастает неупорядоченность – энтропия. Я стал доказывать профессору, что основная и вездесущая сила в природе это тяготение, и она способствует упорядоченности. Профессор уклонился от дискуссии и отослал к специальной литературе, которая вызывала новые вопросы вместо ответов. На эти вопросы я по сей день не могу получить ответа.

Однако ни времени, ни денег не хватало. С марта 1950 по апрель 1951 я должен был подрабатывать и ухаживать за парализованной после инсульта мамой. Отмечу, что я учился в

314

Одессе, а мама лежала в той же полуподвальной комнате в Николаеве. Ее необходимо было кормить и все прочее. Электричества, отопления, воды и каких-либо удобств не было. Когда я уезжал на пару дней, чтобы сделать лабораторные работы или сдать экзамены, то это выполняла одна соседка. Мама не могла ни сесть, ни повернуться. Она умерла в 1951 году.

С назначением мне повезло. Меня направили на работу в строящийся подземный радиоцентр. Это было мощное и очень оригинальное сооружение. У нас были регенераторы атмосферы на случай неизвестных отравляющих веществ. Например, дверь была 5 на 3 метра. Наружная, толстая из сверхпрочной стали с ребрами жесткости. Внутренняя обычная и между дверьми, когда они закрывались, накачивалась вода под давлением 10 атмосфер. Но главное, что оборудование, помещенное в металлический экран – здание, отказалось работать. Паразитная генерация возникала непрерывно.

Я предпочел, не скучать пока построят наш объект, и пошел работать сначала монтажником, а потом налаживал оборудование с лучшими специалистами страны. Там я впервые столкнулся с тестированием логических устройств. Безопасность и порядок включения оборудования обеспечивали сложные релейные схемы. Они содержали сотни реле с открытыми контактами, которые отказывали. Найти неисправный контакт предполагалось визуально. Я построил для этого системы тестов.

Тесть уговаривал нас переехать в Николаев. 16 апреля 1956 года в СССР отменили крепостное право, и стало возможным уволиться с работы. 17 апреля я подал заявление об увольнении. Но оказалось, что в Николаеве как и в других городах, куда я разослал около сотни писем, работы для меня не было. Напомню, что я был очень высококвалифицированным радиотехником. В то время электроника только начала развиваться, и потребность в специалистах была огромной. Мне удавалось устроиться на временную работу плотником. Я имел квалификацию и опыт работы как модельщик по дереву шестого разряда, столяр – краснодеревец и плотник пятого разряда. Поехал в Москву, и в коридоре одного министерства встретил армянина – заместителя по научной работе нового кироваканского института по автоматизации химических производств «НИИАвтоматика». Он пригласил меня туда.

В 1957 году я уже организовывал лабораторию моделирования с аналоговыми вычислительными машинами. Работа была интересной и увлекательной, но у некоторых вызывала недоумение. В системах автоматизации химических производств имеются электромеханические исполнительные механизмы и управляющая часть. В «НИИАвтоматика» исполнительными механизмами занимался заместитель по научной работе Колосов. Как-то он мне говорит: «Если появится толковый человек из 17-го века, то я смогу ему понятно объяснить, чем я занимаюсь. А вот ты, … не сожгут ли тебя когда-нибудь на костре?»

В 1959 году институт получал цифровую машину. Посмотрев на ее схемы – сплошные триггеры на электронных лампах, я решил заняться программированием. Я не представлял, что сотни триггеров это удивительная логическая система с неожиданными свойствами. Наконец машина заработала, но моя первая программа не идет. Машина выполняла 100 операций в секунду с фиксированной запятой, и допускала выполнение команд по одной. В сопровождающей машину документации было написано: «Завод изготовитель гарантирует исправную работу машины при правильном прохождении тестов». Но одна операция сдвига выполнялась неправильно, хоть она проверялась в тесте одиннадцатью операциями. Анализ показал, что достаточно двух операций и тест будет хорошо проверять сдвиг.

Затем я разработал полную теорию построения тестов, которую раскритиковал автор первой книги по решению задач на АЦВМ – Тер Микаелян. Однако он рекомендовал меня А. А.

Ляпунову в Институте Прикладной Математики АН СССР.

Четыре раза меня приглашали поступить в аспирантуру, но под различными предлогами меня лишали этой возможности. Меня не проваливали на вступительных экзаменах, меня к ним не допускали. Как этим возмущались профессора, которые меня приглашали!

Удивительная страна была построена КПСС. Прямо по анекдоту. Вызывают «компетентные органы» человека и спрашивают, как ему удается хорошо жить и не работать. Он говорит, что во время оккупации спас от фашистов еврея, которого спрятал в погребе. Он дает деньги. Но ведь война уже 40 лет как кончилась. А я ему это еще не сказал.

КПСС и ее приемники все еще держат и страну, и народ в состоянии войны. Кинофильмы, книги, награждения, почетные звания, самые массовые и торжественные мероприятия и парады посвящены войне. Все вертится вокруг фронтовой песни: «Налей дружок по чарочке, по нашей фронтовой». Правда, сейчас в чарочках бывает ядовитая дрянь. Как было в детстве в 30-е годы, так и сейчас страна живет в окружении врагов. Только за 2006 -2007 годы к ним добавили Украину, Белоруссию, Грузию и Эстонию. Огромную страну - слона трясет так, что она может рассыпаться от угрозы двух божьих коровок – Грузии и Эстонии. В результате у всех на устах: «Лишь бы не было войны». И уже ничего не нужно ни газа, ни удобств. Однако руководство и номенклатура (см. «Номенклатура», Васленского) о себе не забывают.

Одновременно ржавеют сотни подлодок и тысячи ракет, но создаются все новые для тех же целей. Эту обстановку удается так долго поддерживать благодаря их рупору – интеллигенции, которую Сталин определил, как прослойку.

В 1962 году на Международном симпозиуме в Москве мой доклад (Контроль Работы Логических Устройств) слушал на английском (в синхронном переводе) профессор Дж. П. Рот, который в 1964 году предложил алгоритм построения тестовых наборов (D – кубы). Труды симпозиума с моим докладом были изданы в США на английском языке. Трудно представить, что Дж. П. Рот не имел у себя тома с трудами симпозиума. Это было до подачи его первой работы по диагностике в журнал, но ссылки на мою работу он не сделал. Доклад Дж. П. Рота на симпозиуме был не по диагностике («Прагматическая Теория Алгоритмов»). Интересно, что мой доклад был переведен на английский язык машиной (1962 – 1963 годы!) и как мне сказали специалисты по теме с хорошим знанием английского языка (например, Тер-Микаэлян родился, вырос и учился в США), качество перевода хорошее.

Первая диссертация на соискание ученой степени по технической диагностике была подготовлена в 1962 году. В моей диссертации не было обязательного раздела о состоянии проблемы в СССР и за рубежом. В этой связи специальная комиссия проверяла, почему у меня нет ссылок на публикации других авторов. Комиссия обнаружила, что ссылаться по диагностике не на кого, а ссылки на труды по математической логике и теории множеств у меня были. В диссертации была введена терминология и классификация тестов. В частности, разделение тестов на проверяющие и диагностические, или на тесты для одиночных и кратных неисправностей. Были разработаны алгоритмы построения тестов, реализованные на вычислительной машине. Были произведены оценки длины тестов и числа шагов алгоритма. Материал был теоретически обоснован восемью теоремами. В некоторых случаях были получены достижимые оценки длины тестов.

Тесты строились не для схемы, а для логической формулы. С этой целью была разработана запись схемы в виде логической формулы эквивалентной схеме (**ФЭС**). Каждой точке схемы соответствовала буква или выражение в скобках. Таким образом, все константные неисправности однозначно отображались в формуле. Это позволяло записывать большие схемы (даже весь компьютер) в виде иерархической системы ФЭС. В дальнейшем это было развито в иерархическую запись алгоритмов (**ИЗА**), что позволило значительно ускорить написание и отладку программ. Широко внедрить в Советском Союзе мне эту систему не удалось. Я занялся этим, работая в Ситибанке, но и здесь мне не повезло. Администрация не хотела ставить разработку программного обеспечения в зависимость от одного человека. Одновременно появилось объектно-ориентированное программирование с библиотеками классов и операционная система Майкрософт. Последнее было более приспособлено к пользователям, однако это не давало многих возможностей ИЗА. Например, ИЗА позволяло автоматизировать написание и отладку программ. К тому же, в 1990 году для Ситибанка наступили тяжелые времена и вместе с другими, был сокращен наш отдел "Advanced Technology". Наверное, единственный экземпляр отчетов по этим работам остался у меня дома. Но у меня появились другие заботы – поиск работы.

Мною был приведен и опубликован в журнале «Автоматика и Телемеханика» (1965 год; журнал переиздавался на английском языке в США) пример в котором не работал алгоритм Дж. П. Рота. То есть он не позволял построить тест на одиночную неисправность в простой схеме. Мой алгоритм (и программа, 1962 год) из диссертации позволяла построить тест на кратные неисправности.

В 1966 году мною была впервые доказана невозможность построения тестов для произвольной логической формулы (схемы или программы) без полного перебора и предложено проектировать тестируемые устройства. Для некоторых типов схем мною были предложены алгоритмы. Первоначально это положение было отвергнуто. Даже в 1970-х на международной конференции в Ленинграде мне было заявлено группой американских и французских ученых в области технической диагностики, что у них есть алгоритмы на любой случай. Если я не могу, значит, мои алгоритмы не годятся. Мною был предложен пример схемы, для которой построение одного набора теста требовало полного перебора всех возможных входных последовательностей. Из этого следовало, что невозможно построить более эффективный алгоритм и дискуссия завершилась. В диссертации на соискание ученой степени доктора технических наук «Синтез эффективно контролируемых дискретных устройств» теория и алгоритмы были развиты для схем с памятью.

Диссертация была подготовлена в 1971 году, но ученые советы, в которые я обращался, отказывались принять ее к защите под разными надуманными предлогами. Наконец, в 1978 году это мне удалось в киевском Институте Кибернетики АН УССР. Мне все говорили, что это бесполезная затея – провалят. На следующее утро после моей защиты директор института (академик Глушков) сказал: «Что вы сделали с моим Кибернетическим центром? Он гудит как растревоженный улей. Чужой Коган получил 15:0.».

Следует отметить, что к этому времени появились тысячи публикаций и ученых в области технической диагностики. Впрочем, прекрасные специалисты по построению тестов были задолго до меня. Еще в Библии написано, создавая что-то новое, Бог оценивал (то есть диагностировал) это своим всевидящим оком («и увидел Бог, что это хорошо»). С тех далеких времен люди всегда проверяли (диагностировали) то, что ими создано. Тем более это делали при ремонтах. То есть не было теоретических работ, но практика требовала диагностировать.

В США продолжить работу в области технической диагностики мне не удалось. Мне было известно мнение, что при создании ПРО все удастся сделать. Есть одна проблема – работоспособность системы управления. Но везде требовалось гражданство. Кто-то мне прямо сказал, что не следует так торопиться выполнять задание КГБ. Я ответил, что он идиот и начал искать другую работу. Заработав пенсию, я могу снова заниматься, чем нравится, но за это время я из специалиста в узкой области стал дилетантом почти ничего не знающим обо всем. С 70 лет я на пенсии и излагаю свои воспоминания.

15. ЗАКЛЮЧЕНИЕ

В работе рассмотрены условия возможности (точнее было бы сказать невозможности) получить с помощью квантового компьютера решение задач, которые требуют на обычных компьютерах несоизмеримо большего времени. Число операций в таких задачах растет экспоненциально и никакое ускорение работы обычных компьютеров не поможет.

Приведены доводы в пользу примата законов сохранения. В этом случае исключена возможность существования всемогущей силы (Бога). Именно всемогущей, всезнающей и всевидящей силы, а не очень могучей. Отмечу, что это не доказывает, например, беспочвенность религии.

Как следствие исключена возможность существования абстрактной информации. То есть существование информации без ее материального (энергетического) носителя. В любой системе

324

имеющей связь и (или) влияющей на другую систему, имеется информационная связь. При этом это обязательно материальная (энергетическая) связь. Эта связь измеряема и все скорости в системе связи конечны.

Наличие, каких-либо мгновенных воздействий, при признании примата законов сохранения, является неправильной трактовкой экспериментов. В случае отрицания законов сохранения неизбежно следует сомнение в любом физическом явлении. Если ЧТО-ТО существует вне законов сохранения, то это ЧТО-ТО может все.

Специалисты утверждают, что квантовый компьютер позволяет одновременно просматривать экспоненциальное множество условий. Такое предположение базируется на разных и, возможно, взаимоисключающих принципах.

Надеюсь, я убедил читателя, что **объяснения работы квантового компьютера на основе гипотез о Мальтиверсе или других явлениях, которые не согласуются с законами сохранения, несостоятельны. Что альтернативой законам сохранения является любая волшебная сказка. Впрочем и любая выдумка, а не только квантовый компьютер, работающий по его теоретическому обоснованию.**

16. ЛИТЕРАТУРА

1. David Deutsch, The Fabric of Reality, Allen lane the penguin press
1a. Д. Дойч Структура Реальности, Перевод с английского Н.А. Зубченко под общей редакцией академика РАН В.А.Садовничего. РХД - Москва-Ижевск 2001

2. Vlatko Vedral, *Decoding Reality,* Oxford University Press "Life, the Universe, and Everything". *Issue 14.03* (*Wired*). March 2006.

3. Seth Lloyd, Programming the Universe, Vintage

www.ingramcontent.com/pod-product-compliance
Lightning Source LLC
Chambersburg PA
CBHW051852170526
45168CB00001B/80